百习而见商学院系列

瓮春春　主编

可训练的高情商

基于逻辑思维的高情商训练法则

龙　鹏　瓮春春◎著

A High EQ Training Principle Based on Logical Thinking

中国法制出版社
CHINA LEGAL PUBLISHING HOUSE

前　言

讲到情商，相信很多读者都自认很了解它的概念，为什么这么说？因为1995年哈佛大学心理学博士丹尼尔·戈尔曼教授把这个概念推向了全世界。此后20多年间，“情商”一词被广泛应用于职场社交、家庭生活等方面。

大家都知道情商很重要，但为什么说大家是“自认”了解呢？那是因为大家对它的了解不够全面，很多人的理解甚至失之偏颇。

有些人认为高情商就是人际关系好，有些人认为高情商就是工于心计，还有些人认为高情商就是会说话。但是这些都只是高情商的一个表现，并不是本质。

情商是什么？情商除了包括人们普遍认可的良好的人际关系、能说会道等，还包括一个人对情绪的管理、对他人情绪的感知和了解及对他人情绪的分析和应对等。情商的概念实在是太大了，涉及生活、工作的方方面面，本书将重点研究情商在职场方面的应用和提升。

一起看下职场中常见的几种情况，可以“对号入座”一下，看看是不是曾经的自己。

1. 不会察言观色，别人隔着屏幕都能感觉到领导的愤怒，你却毫无察觉。

2. 工作中，别人讲了一句不好听的话，你马上就发火了，顶撞领导、贬低同事。

3. 被领导骂得狗血喷头，你却手足无措，不知道该怎么应对。

4. 跨部门沟通的时候被别人指着鼻子骂、替人背黑锅，却只能自己生闷气，不知道该如何解决。

5. 和上司沟通时，越说领导越生气，你想解释，却越描越黑。

6. 自己没事生闷气，情绪上来后容易说冲动话，伤人无数。

7. 情绪自控力差，容易被他人左右、容易发火、容易冲动行事。

8. 每次都知道发火不对，也学习了很多情商课程，却还是屡屡犯错，就是改不了。

对照一下，看看你符合其中几条，一条、两条、三条还是更多？如果有三条及以上，那就说明，情商是你在职场中的短板。

大家都知道木桶原理：一个水桶无论有多高，它盛水的高度永远取决于最短的那块木板。要想获得更好的发展，就必须补齐自己的短板，短板越少，职场之路就越顺畅。而现实是，你往往知道情商是自己的短板，也期待通过学习提升自己，但是依旧不能提升。原因何在？

1. 课程内容欠妥。市面上有很多讲情商管理的课程、书籍，教你一些所谓的小技巧，教你很多心理学的原理、工具、模型，教你如何跟别人说话，如“对不起、我很好、谢谢你”之类，教你“见人说人话”，要学会换位思考等。但如何才能换位思考、如何见不同的人说不同的话却没有教。久而久之，大家就会发现这样一个奇怪的现象：学了很多内容，变化还是不大，依然无法从根本上解决职场情商的问题。

有的人把情商讲成了情绪控制，即你要时刻控制自己的情绪，学会忍耐。其实我们都知道，情绪是控制不住的，情绪需要转移。大家都知道大禹治水的故事，洪水治理在疏不在堵，情绪就像洪水一样，合理地转移、引导才是关键。如果一味隐忍，只会使洪水的能量越来越大，一旦哪天堵不住了，就会彻底爆发，造成更具灾难性的后果。所以，解决情绪问题的根本是：你真的想开了，而不是短暂的情绪转移，因为它治标不治本。那么，什么才是真的想开了呢？就是你真正学会了换位思考，能接受一些原本觉得不合理的、让你生气的、让你气愤的事情。

但换位思考是很难做到的，尤其是在情绪爆发的那一瞬间，失去了理智，我们往往会做出很多让自己感到后悔的行为。那么，怎么才能在情绪爆发的一瞬间做到换位思考？这个时候，要先让自己平静下来。接着分析，对方的情绪为什么会爆发？为什么你们对同样的事情产生了不同的看法？为什么这件事情他认为这样是对的而那样是错的？每个人的思维模式都是不一样的，如何区分每个人的思维方式、如何依据不同的场景来分析对方的情绪变化，我们将在书中为大家详细讲解这部分内容。

2. 讲的内容对，但自己从来没有实践过。很多老师在课堂上面对发出挑战的学员并不能很好地应对。

在一次培训中，一位老师讲到需要控制情绪，这时有一个学员提问："老师你说情绪需要控制，不要发火，难道当我们遇到问题，遇到各种委屈的时候，就应该一味地忍让退缩吗？"老师说："是的。当你受到情绪影响的时候，就会爆发，这会影响你的身体，会不理智，会做出错误的决定和行为，所以这个情绪要进行控制。"没想到这个学员说了这样一句话："老师，我想请问，如果你的老婆被别人打了、欺负了，你也得忍耐吗？你在这个时候也需要控制情绪吗？"老师简单地进行了解答，后来在学员的再三逼问下，老师竟然先发起了火。老师自己都做不到情绪控制，又如何教大家做好情绪管理呢？

3. 讲师欠缺实战经验。有些讲师只是讲了一堆道理，却根本不知道如何训练、提升学员的情商。学员学习了大量的东西，花了大量的钱，却依然不知道如何运用。

我们之前的思考和行为模式是：遇到问题就学习。学习来学习去，越学越焦虑，花了大量的时间和金钱却没有任何效果，痛苦不堪。

在本书中，笔者的作用就相当于一名导游，按照以终为始的逻辑，带领读者纵览情商的世界，开始一场旅行，旅行的终点是让你成为职场情商高手。

旅行的第一站，笔者将带你一起了解情商是什么，对情商进行正确的认知。要实现高情商的目标，就必须要找到差距，本书提供的"情商盘点表"可以高效、精准地帮助大家找到自己的情商目前所在的阶段和层级，进而为向高阶情商进阶提供有效的路径和方法。

旅行的第二站，笔者将带你一起揭开情绪的面纱，以此解释为什么情绪如此难以控制。人脑结构的相互作用主导着人的愤怒与恐惧、激情与喜悦。情绪和能量之间的转换，告诉你情绪是身体应对外界刺激的一种反应结果，理解了这些，提升情商的大门就打开了。

旅行的第三站，笔者将带你一起学习通过面部表情、肢体语言、言语表情来感知他人和自身情绪的变化。

旅行的第四站，笔者将和你一起分析职场中的诸多“不如意”。很多时候，尽管事情已经发生了，由于你的思维只局限在发生的事情本身上，只是在想“为什么这个事情会发生在我身上”，同时让细节不断地被放大，而不是思考“我要接受这个事情，我还能做什么进行改善”，结果出现的情绪是懊恼、后悔、难受，只能被动地接受，给自己憋出“内伤”。这一站，将介绍情绪调控的问题分析与解决，以及再次遇见这样的事情时控制和改善情绪的方法。

旅行的第五站，笔者将与你一同探讨高阶情商的修炼方法，学会管控自己、察觉自己，才可以更加冷静地分析和盘点情绪反应模式，进而得出相应的应对方式。

然后，笔者将带你一起走进职场，学习如何在不同场景下灵活运用和管理自己的情商。通过对上级、下级、平级等人员的情绪变化进行分析，得出与你相匹配的情商修炼方法。

到了旅行的终点站时，你应该已经具备了情绪的感知能力、调整自我的分析问题能力，并具有在提升自我、分析问题的基础上找出解决对策的能力，加上最后的实用提升情商的七个技巧，你必将快速成为“情商高手”，必将更懂得将它运用在工作当中，通过提升自己的职场情商，推动自我发展，使自己的职场之路越来越顺畅。

目　录
CONTENTS

第一章

正确地认识情商

想提升情商，首先要了解情商、知道情商是什么，本章将带你正确地认识情商。

第 1 节

情商的定义

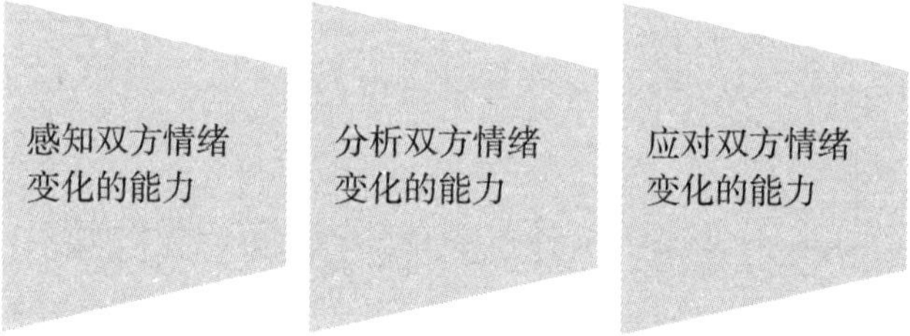

图 1–1　情商的内容

什么是情商？笔者对情商赋予了一个新的定义：感知双方情绪变化的能力；分析双方情绪变化的能力；应对双方情绪变化的能力。

这里又包含五个部分：感知自己情绪变化的能力、感知他人情绪变化的能力、分析自己情绪变化的能力、分析他人情绪变化的能力、应对双方情绪变化的能力。

一、感知双方情绪变化的能力

在现代社会中，人们忙于工作学习，很多时候除了同与自己有直接利益关系的人接触之外，对其他人和事的关注都不够。不知不觉，彼此间的距离越来越远，人们觉得周围的人都冷漠自私，毫不关心他人，有话也找不到人诉说，变得孤独、压抑、不快乐。

实际上，这些问题都是我们自己造成的：如果自己对他人的喜怒哀乐没有用心、没有付出、没有感觉，怎么能期待他人对你的喜怒哀乐有感觉、有回报呢？如果能用心感知他人的情绪变化，相信这种状态很快就会改变。

对他人情绪变化的感知，是从哪里开始的呢？更多的时候是从对方的语言、语气当中感觉出来的。实际上，还可以通过对方的眼神、表情、姿态，说话的声音，语音语调等，提前感知他人的情绪变化，从而判断这个人在身体上、心理上是否健康，是否容易接触，等等。

如何感知自己的情绪变化？人往往会被眼前的现象所迷惑，被表面现象所左右。不知道你是否有这样的感觉：如果我们按照事发时的想法和情绪去处理问题，等事情结束时，往往会觉得自己的做法过于情绪化、过于偏激、有些失控，而本来能有更好的解决方式。

案例智库

小琳是公司的行政经理，10月18日是公司建成5周年日，为了这次庆典会议，部门同事提前做了很多准备。但由于会展公司没有按照规划好的流程执行，导致大家忙碌了几天，却在现场被老板狂批。因为那完全不是老板想要的效果，她本人也很生气。由于一时无法接受自己的努力就这样被轻而易举地毁掉，她的情绪几度失控，只能等到情绪平复后，再回来处理后续的事情。

这个时候要问自己，这是一件很严重的事情吗？

当然，对小琳来讲，非常重要。那么，这件事情的最终目的是不愉快或出现尴尬吗？当然不是。为什么在如此重要的事情上，却出现了不愿意看到的结果呢？除了一些客观原因，更多的是因她自己的情绪失控，失去了工作的方向和重点。所以，很多时候，不明情绪往往会在事情发生的当下，且结果不符合我们预期的时候出现。

我们会焦虑、愤怒或者悲伤，而更多时候会任由情绪主导，让情绪做我们的主人。于是我们在情绪的影响下，做出了很多错误的行为，导致了更多糟糕的结果。原本想让事情变得更好，但却在情绪的影响下，让事情变得更糟。更恐怖的是，我们在事发当时可能根本无法感觉到自己失控的情绪，还会错误地以为自己在理智地进行处理，使这件事越发难以收场。当身体发出信号的时候，请你停下来，感受这个信号。

情绪不好的时候，身体往往会发出信号，比如胸口闷、脸色发红、心跳加速等。这就是身体在告诉你：你开始要发火了，情绪即将产生变化。这个时候，你要强迫自己停下来，马上对这件事情进行反思，思考几秒钟，让大脑调动更多的意识去分析这件事情，对这件事情进行更好的判断，分析利弊，然后再采取行动。

在做了冲动的事情之后，当情绪平复下来，90% 的人都会后悔。通过反思之前事情的经过和感受，可以察觉到当时引起情绪波动的时间点和当时的反应。于是在一次次的复盘中，人们建立起自己的情感知识库，以更好地了解自己的反应。你“察觉到”自己的次数多了，就会找到自己反应的敏感点是什么，从而找到规律、让自己更快地进入理智处理的过程。这时，你的情绪就有迹可循、可被驯化、可被感知了；你就认知了自己，学会了真正地感知自我的情绪。感知自我情绪的速度越快，感知到的内容越多，表示在这个部分你的情商越高。

二、分析双方情绪变化的能力

案例智库

小秦有一天心情非常不好，上午被领导叫去办公室。领导跟她说：你最近表现太差了。理由是：第一，做事没有时间规划。第二，做事不思考。第三，做事效率太低。

很多没有经过训练的人存在这样一种思维：反复纠结——领导为什么说我呢？于是开始不断地回忆，不断地想问题到底出在哪里。小秦把焦点全部放在问题的细枝末节上，然后就开始想：领导是不是瞧不起我？是不是最近看我不顺眼？接着，小秦想到前几天有一份方案没做好被领导“臭骂”了一顿，领导是不是想借这个机会辞退他？想到自己在公司干了这么久，没有功劳，也有苦劳，于是小秦越想越想不通，越想越钻牛角尖，结果直接和领导发生了冲突。

还有的人会想：领导说我也不是一次两次了，这次他发脾气就发吧，想想工资挺高的，就算了吧。于是对领导说：领导我错了，这件事情是我做得不对，下次我一定改正。然而领导却可能越骂越狠，但是你依然不知道该怎么办。

正确的做法应该是怎样的呢？

首先，分析并列出领导批评你的真正原因。

其次，分析自己之前的哪些做法曾让领导不满意、生气，分析为什么领导说你。

最后，针对领导之前说的“做事没有规划、做事不思考、做事效率太低”等进行分析。

这样做的目的是让我们把精力放在“如何把这件事情变得更好”上。分析后，我们再找出情绪的分析原因和改善对策。

三、应对双方情绪变化的能力

就小秦的案例而言，分析完之后，可能得出如下的改善对策。

对不起领导，这件事情是我错了，错的原因有哪些。

是因为什么做错的呢？

第一条：做事情没有规划。改善思路是：做事情之前列出计划，并且一定要问领导的目的和意义，而不是盲目去做。同时把所有的异常都考虑进去，对事情进行轻重缓急的排序。

第二条：做事情不思考。改善对策是：做事之前多思考几秒钟，不会的向领导请示。

第三条：工作效率低下。回去反思之后觉得：这件事情做了很多遍导致效率低下。或者是因为第一次做，碰到了不会的地方，希望领导能多多指正和批评。

只有不断改善，工作结果才会越来越好，领导对你才会越来越认可，这才是正确的解决问题的方式。

情商是多种能力的组合，是一个系统的内容，对我们至关重要。那么，情商的高低是如何判断的？情商的判断依据和标准又是什么？为什么学习进步那么慢？为什么提升这么难？根源在哪里呢？

笔者发现，一个非常明显的问题是一些人的学习和工作根本没有标准。没有方向和目标，不知道“好”的标准是什么，不知道该学什么、学到什么程度、如何衡量学“好”了。在工作当中也是一样，不知道领导的做事目的和意义、标准和要求是什么就去蛮干，弄得自己焦头烂额，还达不到领导想要的效果。

目标和标准就像海上的灯塔，指引前进的方向；目标犹如黑夜里的火炬，能照亮奋斗的征途。在职场中，如果没有目标，我们就会感到很迷茫。很多人到了 35 岁依然不知道自己想要什么，于是为了弥补自己的缺失，利用碎片时间不断地学习，但效果依然差强人意。为什么？因为他们不知道自己目前想要什么、需要什么、需要有针对性地学习什么，而是别人说什么好就学什么，别人说什么课程好就买什么，根本没有对自己的情况进行充分的盘点，那这样的学习有什么意义？

第 2 节

情商盘点表

情商在很多人看来是无法衡量的，培训市场上的学员、老师也认为情商是很难评判的。如果知道了评判情商的标准，就可以对情商进行盘点，找到差距，进而知道如何弥补自己的不足。

笔者经过多年的研究和总结，在大量实践的基础上，开发出了“情商盘点表”，读者可以试着根据它对标盘点自己的情商及每一项情商对应的分数。

本表从感知他人的情绪、感知自己的情绪、分析他人的情绪、分析自己的情绪、调整自己的情绪及应对变化的能力五个方面进行盘点，针对这五项又细分了十七个场景。

表 1–1　情商盘点表

序号	项目	代码	项目	1 分	2 分	3 分	4 分	5 分
1	感知他人的情绪	A1	陌生人	在任何情况下都无法感知到别人情绪的变化；极度迟钝。	在部分情况下能感知到别人情绪的变化，但感知速度较慢，且只能感知到部分变化；比较迟钝。	通常情况下可以感知到别人大部分普通的情绪变化，但会忽略稍加隐藏的情绪变化。	绝大多数情况下可以快速感知到别人大部分的情绪变化，但无法感知个别隐藏较深的情绪变化；很敏感。	在任何情况下均可敏锐地捕捉到别人所有情绪的变化；极度敏感。
2		A2	普通朋友					
3		A3	熟悉之人					
4		A4	亲密之人					
5	感知自己的情绪	B1	事后	在任何情况下都无法感知到自我情绪的变化；极度迟钝。	在部分情况下能感知到自我情绪的变化，但感知速度较慢，且只能感知到部分变化；比较迟钝。	通常情况下可以感知到自我大部分普通的情绪变化，但会忽略稍加隐藏的情绪变化。	绝大多数情况下可以快速感知到自我大部分的情绪变化，但无法感知个别隐藏较深的情绪变化；很敏感。	在任何情况下均可敏锐地捕捉到自我所有的情绪变化；极度敏感。
6		B2	事中					
7		B3	事前					
8	分析他人的情绪	C1	陌生人	在任何情况下都无法分析出别人情绪变化的原因；毫无逻辑性。	在部分情况下可以分析出别人很明显的情绪变化的原因，但变化稍不明显就无从分析；逻辑性较差。	通常情况下可以分析出别人大部分普通情绪变化的原因，但会有明显遗漏；逻辑性一般。	绝大多数情况下可以快速分析出别人普通情绪变化的所有原因，但对于不太明显的情绪变化分析较慢；逻辑性较强。	几乎在任何情况下均可瞬间分析出别人所有情绪变化的全部原因；又快又准。
9		C2	普通朋友					
10		C3	熟悉之人					
11		C4	亲密之人					

续表

序号	项目	代码	项目	1分	2分	3分	4分	5分
12	分析自己的情绪	D1	事后	在任何情况下均无法分析出自我情绪变化的原因；毫无逻辑。	在部分情况下能分析出自我很明显的情绪变化的原因，但变化稍不明显就无从分析；逻辑性较差。	通常情况下可以分析出自我大部分普通情绪变化的原因，但会有明显遗漏；逻辑性一般。	绝大多数情况下可以快速分析出自我普通情绪变化的所有原因，但对于不太明显的情绪变化分析较慢；逻辑性较强。	几乎在任何情况下均可瞬间分析出自我所有情绪变化的全部原因；又快又准。
13	分析自己的情绪	D2	事中	在任何情况下均无法分析出自我情绪变化的原因；毫无逻辑。	在部分情况下能分析出自我很明显的情绪变化的原因，但变化稍不明显就无从分析；逻辑性较差。	通常情况下可以分析出自我大部分普通情绪变化的原因，但会有明显遗漏；逻辑性一般。	绝大多数情况下可以快速分析出自我普通情绪变化的所有原因，但对于不太明显的情绪变化分析较慢；逻辑性较强。	几乎在任何情况下均可瞬间分析出自我所有情绪变化的全部原因；又快又准。
14	分析自己的情绪	D3	事前	在任何情况下均无法分析出自我情绪变化的原因；毫无逻辑。	在部分情况下能分析出自我很明显的情绪变化的原因，但变化稍不明显就无从分析；逻辑性较差。	通常情况下可以分析出自我大部分普通情绪变化的原因，但会有明显遗漏；逻辑性一般。	绝大多数情况下可以快速分析出自我普通情绪变化的所有原因，但对于不太明显的情绪变化分析较慢；逻辑性较强。	几乎在任何情况下均可瞬间分析出自我所有情绪变化的全部原因；又快又准。
15	调整自己的情绪及应对变化的能力	E1	普通情绪	无论何时，面对双方的情绪变化，根本不知如何应对，会自我失控；极度易怒。	事情发生后，在别人指点和教导下，能勉强应对双方的情绪变化，但在事中和事后无法应对；情绪容易失控。	事情发生后，能有效应对双方情绪的变化；事情发生时，能应对部分情绪；但事前无法有效应对；会产生一些冲突。	无论是事后还是当时，均可有效应对双方情绪的变化，甚至能事前规避部分冲突；但对于隐藏较深的情绪无法做到事前规避；偶尔会产生冲突。	无论何时均可有效预防双方情绪变化带来的冲突，是典型的情商高手，能够时刻让别人和自己保持冷静。
16	调整自己的情绪及应对变化的能力	E2	激烈情绪	无论何时，面对双方的情绪变化，根本不知如何应对，会自我失控；极度易怒。	事情发生后，在别人指点和教导下，能勉强应对双方的情绪变化，但在事中和事后无法应对；情绪容易失控。	事情发生后，能有效应对双方情绪的变化；事情发生时，能应对部分情绪；但事前无法有效应对；会产生一些冲突。	无论是事后还是当时，均可有效应对双方情绪的变化，甚至能事前规避部分冲突；但对于隐藏较深的情绪无法做到事前规避；偶尔会产生冲突。	无论何时均可有效预防双方情绪变化带来的冲突，是典型的情商高手，能够时刻让别人和自己保持冷静。
17	调整自己的情绪及应对变化的能力	E3	极端情绪	无论何时，面对双方的情绪变化，根本不知如何应对，会自我失控；极度易怒。	事情发生后，在别人指点和教导下，能勉强应对双方的情绪变化，但在事中和事后无法应对；情绪容易失控。	事情发生后，能有效应对双方情绪的变化；事情发生时，能应对部分情绪；但事前无法有效应对；会产生一些冲突。	无论是事后还是当时，均可有效应对双方情绪的变化，甚至能事前规避部分冲突；但对于隐藏较深的情绪无法做到事前规避；偶尔会产生冲突。	无论何时均可有效预防双方情绪变化带来的冲突，是典型的情商高手，能够时刻让别人和自己保持冷静。

盘点后就可以知道自己在某一点上与高情商人士之间的差距，可以据此制定出学习的目标和方向，进而制订行动计划，有步骤地提升每一项技能。

接下来通过案例讲解该表。

案例智库

“感知他人的情绪”一项可以分成四个小类目：陌生人、普通朋友、熟悉之人、亲密之人，分别对应 1、2、3、4、5 分。如何应用盘点表呢？假设我们选择“熟悉之人”——一个非常好的同事。

1 分表示：在任何情况下，你都无法感觉到这位同事的情绪变化，反应极其迟钝，也就是情绪的“绝缘体”，他有任何的情绪变化，不论是激烈还是轻微，你都感觉不到。

2 分表示：在一部分情况下，你能感觉到这位同事的情绪变化，即在这位同事有比较激烈的情绪变化的时候，你才能感觉到。

3 分表示：在大多数情况下，你能正常地感受到这位同事的很多心理变化和情绪变化。

4 分表示：在绝大多数情况下，你都可以快速地感觉到这位同事的情绪变化，对这位同事的情绪变化非常敏感，哪怕只是皱一皱眉头，你都能猜到他心里在想什么，有什么情绪变化。

5 分表示：在任何情况下，你都可以敏锐地捕捉到这位同事的所有情绪变化，极其敏感。他有任何细微的变化，你都可以敏锐地察觉到。

如果你得了 2 分，想通过努力提升到 3 分，那么 3 分就是目标，

2分就是现状。如何做才能从2分提升到3分？先看一下3分的标准：通常情况下，可以正常感觉到他人的大部分普通情绪变化，但会忽略稍加隐藏的情绪变化。如何提升呢？有一种有效的方法叫作微表情心理学，只要在一个月或者两个月之内快速地提高这个技能，就能从2分提升到3分。

一定要按照情商盘点表盘点自己的情商，看看自己差在哪里，继而制订合适的学习计划。高情商的标准是在感知、分析他人和自我情绪上都能做到又快又准，进而迅速地调整自我情绪来应对他人的情绪变化。

综上所述，情商是一个综合体，感知情绪、分析情绪、应对情绪三者缺一不可。想要提升情商，就要做好以下三点。

1. 提升感知情绪变化的能力。

2. 提升调整自我情绪和分析问题的能力。

3. 在提升分析问题能力的基础上，找到解决问题的对策。

第二章

揭开情绪神秘的面纱

细心的读者可能会发现，高情商就是对“感知、分析、应对”几个重要动词的组合。而要修炼职场情商，就必须对情绪进行剖析和解析，深刻透彻地理解什么是情绪、情绪造成的影响究竟是什么、为什么情绪难以控制、为什么情绪爆发的速度这么快，造成很多令人后悔不已的行为。本章将重点讲述情绪及其影响和价值。

第 1 节

情绪的定义

情绪是对一系列主观认知经验的通称，是多种感觉、思想和行为综合产生的心理状态和生理状态。

下面就通过案例让大家深刻理解什么是情绪，以及它是如何通过感觉、思想、行为影响人的心理状态和生理状态的。

案例智库

笔者之前供职的企业某次跟客户约好第二天上午 9 点开始讲课。当晚约着一起喝酒，一直到半夜 2 点。第二天上午 8 点 30 分的时候，讲师到达会场，客户突然要求讲师修改课件，增加 10% 的内容和一些案例，这个时候学员已经陆续进场了。讲师刚把课件修改完，学员就已全部到场。

讲师依照惯例进行问好，开始进入授课环节。这位讲师一直在思考客户要求加的案例和内容。他脑子里边想着其他的事情边讲课，在讲到第二页时就卡壳了，偏偏这个时候麦克风又突然没有声音了，更加重了他的紧张状态。

一不小心，PPT 多翻了两页，事先准备好的内容又变化了，于是他在准备得不是很充分的情况下向学员提问。开始还有一两个学员回答，后来就没有人回答了，有人开始玩手机，学员陆续离开。这时讲师的第一反应就是：学员对我的课程不认可。对应的心理状态就是：这堂课我没有讲好。在这种心理暗示下，越来越讲不好，此时，学员的眼神、表情、肢体语言等全部向讲师传来，讲师越来越紧张，课程讲得越来越糟糕，这堂课程以这位讲师的失败而告终。

开总结分析会议的时候，我们询问这位讲师，为什么会发生这种问题？即使讲错了，在台上继续讲下面的内容就好了，为什么会出现“对不起，我没有准备好”之类的语言？这些语言是怎么出现的？后来得知，他之前有位同事出现了类似问题，被公司辞退了。当他出现这样的问题时，担心也会被公司辞退，所以心里紧张，越讲越糟糕。

再看一个笔者曾经辅导过的学员，一个招聘专员的案例。

案例智库

该专员之前约了一位非常重要的候选人面试，他跟老板约好，第二天上午 9 点同候选人见面，且准备得非常充分。次日一早，他提前一个小时就从家里出来了，但是很不幸，他乘坐的公交车坏了，于是他开始紧张了。从这个地方到公司其实仅仅需要 15 分钟，但上班高峰期打车的人很多。10 分钟之后，他终于拦到一辆出租车，开始想：现在去公司还来得及，公司9点上班打卡，我不会迟到。同时暗暗想：千万不要遇见老板。结果很不幸，他刚走进公司门口，老板喊住了他，并询问他招聘方案写得怎么样，他说没有写完。老板很生气，批评了他：候选人和我都在办公室等你10分钟了，你怎么才来？

请思考一下，如果你是这位招聘专员，你会怎么开展接下来的工作呢？会不会带着不良情绪工作？

很多人会带着不良情绪工作，给候选人打电话的时候状态就差了一点，微笑就少了一点。明明对公司的优势介绍是十条，却只介绍了两三条。候选人从电话里是能感觉到你的真诚和专业水平的，带着这样的情绪工作，你这一天的邀约都将是失败的。

这就是情绪产生之后，思想和行为上会产生的一种综合心理状态和反应。一般的情绪包括喜、怒、哀、乐，也有一些比较细腻的情绪变化，如妒忌、惭愧、羞愧、自豪等。情绪常常和心情、性格、脾气等因素相互作用，同时也受到荷尔蒙神经递质的影响。无论是正面还是负面情绪，都会对人们的行为产生重大影响。

第 2 节

情绪产生的影响

情绪对我们产生的影响可以分为心理上的、工作上的、人际关系上的和精神上的几个方面。

一、心理上

在焦虑、紧张、害怕、忧郁、疲惫等不良情绪状态下，身体状态也会发生变化，有时候会引起偏头痛、气喘、关节痛、高血压、胸闷等。

二、工作上

不好的情绪对工作的影响也非常大。例如，在你向领导汇报工作的时候，领导突然打断你的话，说你汇报工作从来不说重点，天天讲故事，批评了你。这时，你很可能会觉得不公平：我昨天晚上做方案做到很晚，而且为了这个方案都没有和女朋友约会，辛辛苦苦做了方案，还要挨批评。越想越不开心，结果顶撞了领导。

有的时候可能是同事的不配合导致你无法按期完成上级交代的任务，于是你就看同事不爽，一直不爽，越来越不爽，最后你完全不和他说话了。

三、人际关系上

随着你受情绪的影响越来越严重，你和同事的关系也越来越差，严重影响到你的人际关系。

四、精神上

很多人会产生自我否定的情绪，如内疚、烦恼、郁闷、焦虑、自卑等，认为都是“我”不好：为什么我这么不好？为什么我这么差劲？

慢慢地，你对别人也不友善了，产生怨恨、愤怒等情绪，认为自己目前的状态、处境、待遇、地位都是别人造成的。这种状态越来越重，于是开始怀疑社会，认为全世界都是造成你处境艰难的原因。

在这样的认知下，表现出来的情绪就是急躁、恐惧和绝望，会认为：这个世界这么不友好，周围人都不认可我，我不想活了！于是怀疑人生，产生过激的反社会行为。

既然情绪会产生这么大的影响，那么我们还需要情绪吗？

笔者在授课的时候经常向学员提问：既然情绪这么不好，那么我们还需不需要它？请同学们说一下，一提到情绪，你会想到哪些词语呢？

很多学员回答：忧郁、悲伤、难过、愤怒、痛苦、自卑、恐惧、快乐，等等，其中负面词语的比例要大于正面词语的比例。

也就是说，在他们心中，一想到情绪，永远是负面的。

笔者会继续提问：这样的话，如果有一种仪器，戴上后，所有的痛苦、难过、悲伤全部都会被消除，你愿不愿意戴？

学员们却说：不愿意。

笔者又问：为什么呢？既然你不喜欢难过、悲伤、痛苦，戴了这个仪器后，你的痛苦全没有了，只剩下快乐，难道不好吗？

学员们说：不好。

笔者再问：为什么？

学员们回答：我是一个人，需要一些情绪，需要喜怒哀乐。

正视情绪，对我们来说是非常重要的。

第 3 节

情绪的价值

无论好坏，情绪对我们而言都有独特的价值，如果我们可以正确认识情绪的价值并从中学习、反省，那也是一种宝贵的收获。

一、不可分割

情绪是生命中不可分割的一部分，是身体的功能，用好情绪，会给你带来很多的乐趣。

二、绝对真实、可靠、正确

情绪是内心绝对真实、可靠、正确的反应，是人体内部的一套“信念系统”，没有改变的时候，所有情绪的反应模式也永远不会改变。

也就是说，很多时候，这套信念在人的内心是固定的、不易改变的。如果一个人喜欢说谎，即使他在你面前口口声声说自己不会说谎，他的行为和反应模式也会出卖他：他就喜欢说谎。

失恋的女孩总会说，以后再也不想跟前男友接触了、已经忘记他了、一定会找到比他更好的人、要证明给他看。但是你会发现她在说话的时候，嘴角是往旁边倾斜的、眼圈是红的、语气是沉重的，你就知道她说了什么并不重要，她的内心反应已经告诉你：她还是很在乎这个男生的。这就是情绪给我们带来的绝对真实、可靠、正确的一种反应，它是隐藏不了的。

三、情绪不是问题，它能够帮助你成长

要正视情绪，当情绪来的时候，不要去“解决”它，也不要去“消除”它，而要正视它。它在告诉你、提醒你：该进步了、该成长了。例如，领导批评你时，你的情绪是难过的、愤怒的，但是反过来想，正因为被领导批评了，才能知道这件事情自己哪些地方做得不对、不好，从而帮助我们提升自己——这是一个很好的改进工作方式和方法的机会。

被领导批评时，你可以这样和领导沟通：感谢领导指正，让我有了一个自我成长的机会；同时感谢公司给予我平台，让我去做这件事。虽然我做得不够好，但我会反思自己如何能做得更好。

在这种思考模式下你就会学习，会向把这件事做得出色的同事和领导寻求帮助。不论这件事是成功还是失败，你都获得了成长，而不是消极抱怨、停滞不前。

四、情绪是为人服务的

由于不能很好地处理情绪，我们很多时候反而让情绪成了我们的主人。你有时会不知道如何处理不良情绪，让自己跟着情绪跑，这是为什么呢？因为左右我们的不是自己，而是大脑和习惯。

五、记忆的载体

现在，闭上眼睛回忆一下你一生中记忆最深刻的事情。你的脑海中会浮现出很多事情，有开心的、难过的、兴奋的、悲伤的，而你之所以能够记住这些事，也有情绪的“功劳”。

六、情绪就是能力

情绪是非常宝贵的能力，对情绪的管理能力越强，越能灵活应对各种异常问题。有这样一句话：一个能控制好自己情绪的人，比能拿下一座城池的将军更伟大。

感兴趣的读者可以找出自己面对情绪时遇到的挑战，冷静下来，思考一下当时自己的情绪和反应是怎样的。

案例智库

笔者有位学员从事销售工作，面对客户一次次的刁难、一次次的降价要求，甚至是攻击，开始的时候他还能控制住自己的情绪，后来就忍不住了，和客户发生了争执。结果由于没控制住情绪，失去了一个大客户。

每当遇到不良情绪的时候，我们都会做很多冲动的事情，事后后悔，但当再发生类似事情的时候，我们还是会不断地犯错。到底是为什么呢？我们为什么控制不住自己的情绪？为什么有时候我们做的不是我们想做的呢？

那是因为人脑当中有一个“我”在和大脑对话。

第 4 节

情绪和理智的生理学原理：两脑理论

目前，研究人的情绪和生理学的理论非常多，包括三脑理论、全脑理论等，其中比较经典的是丹尼尔·戈尔曼教授在《思考快与慢》中提及的经典理论：外界的刺激通过我们的感觉系统，即眼、耳、鼻、舌、身等传递给大脑的时候，我们大脑的两套系统会分别对这些刺激作出不同反应。

第一套系统叫作潜意识，也叫快系统，脑垂体分泌的多巴胺和肾上腺素促进了这套系统的反应。它的特点是速度快，但是没有对错之分。这是由于人的“爬行脑”和“原始脑”部分，即在原始时代训练出来的用于自我保护的那套系统在起作用。但是它没有“现代脑”的智慧、不会区分对错，也没有判断和分析能力。这个部分占大脑的 95%。

第二套系统叫作意识，也叫慢系统，位于人的脑皮层，是“现代脑”的组成部分，也是人类理智和智慧所在的地方。它的特点是非常慢，但是懂得识别、区分，它是有智慧的。这个部分占大脑的5%。

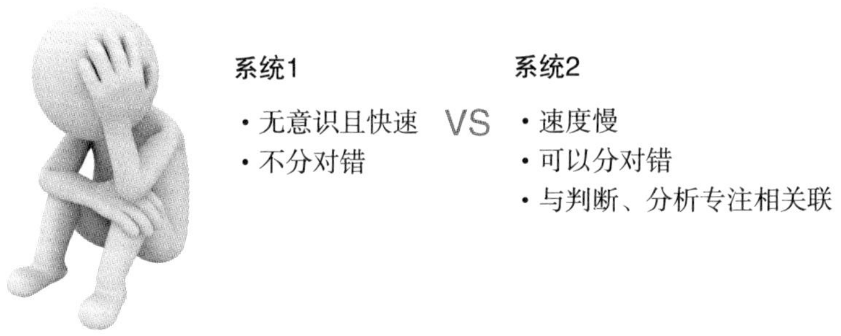

图2-1　大脑的两套系统

人一生遇到的各种纠结，都来源于这两套系统对刺激不同的反应。

举个简单的例子，你走在街上看到很多好吃的，这个时候潜意识告诉你：去吃汉堡、薯条、冰激凌，这些都是你最爱的。但是意识随后告诉你：别吃了，你现在已经180斤了，会胖的。

很多行为都产生于这样的状态下，大脑的潜意识和意识之间总在不断地作斗争，纠结也就因此产生了。

第 5 节

情绪如何影响我们的行为

思维决定行为，行为决定结果，结果反作用于思维，这就是思维—行为—结果模型。

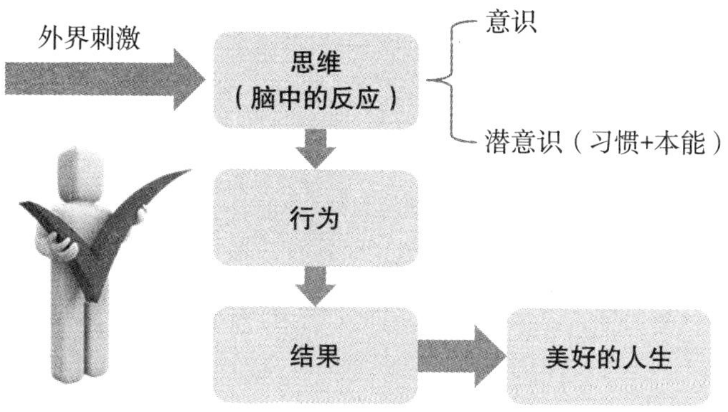

图2-2　思维—行为—结果模型

人的思维实际上是由意识和潜意识两个部分构成的，于是当受到外界刺激的时候，思维也会分为两部分。

以最快速度反应的那一部分是潜意识，包括情绪、心结、本能等。一个没有经过训练的人的情绪就像小孩一样，任由情绪反应，会做出很多情绪化的行为，并得到情绪化的结果，很多事情做完后才觉得后悔。

“知识改变命运”，但是当你拿起书本的时候，就会发现这真的很辛苦、很累。这个时候，潜意识就会告诉你：不要那么累了，休息下，月薪 3000 元也可以过一生，月薪 30 万元也可以过一生，何必那么辛苦？于是在潜意识的作用下，你的人生就被潜意识战胜了。

人无法控制自己的行为，很多时候都是由于大脑没有思考造成的。一个人 80% 的行为是由情绪决定的。由于长时间受潜意识的影响，受刺激的时候，大脑可能还没有来得及思考和反应，行为和情绪就已经产生了。

人类的一个伟大之处就在于拥有修正潜意识的能力。要想成为一个真正的人、一个伟大的人、一个可以掌握自己人生的人，就要学会用意识战胜潜意识，用智慧管理和控制情绪，掌控自己的人生。

意识仅比潜意识慢六秒而已，而在这六秒中可以发生翻天覆地的变化。所谓三思而后行，不要在冲动的时候作出决定，依据就在于此。只要你思考六秒，就能调动你的分析和思维，让你对整件事有更准确的判断。

如图 2–3 所示，外界的刺激首先会刺激本能，本能和情绪都是带有能量的，这种能量没有好坏之分，关键是如何看待这种能量、如何转化这种能量。

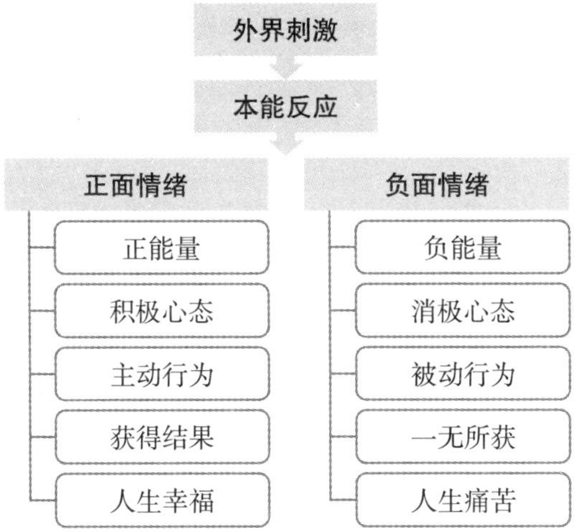

图2–3 情绪的反应链条

大脑也是需要能量的。例如，上午 11 点以后参加面试者的通过率一般较低；参加讲师比赛，上午 11 点出场参赛的选手通常平均分要低于前面出场的选手的平均分。这是因为上午 11 点左右的时候，面试官和考官的情绪和能量都已经降低了，而当能量降低的时候，情绪就开始产生了，潜意识逐渐控制大脑。

但大脑是很“懒惰”的，不喜欢思考。因为在思考、分析的时候，能量会大幅下降，消耗特别大，所以它不喜欢思考。因此，及时地给大脑补充能量，是加强情绪管理的一个小技巧。情绪不好的时候，可以吃点东西，补充能量。

如何转化这些能量呢？能量的转化主要依靠意识进行。当受到刺激的时候，是“踩刹车”还是“踩油门”，就是能量和心态之间的一种转化。这个是动力和压力之间的转化，一个人对一件事情的看法是积极的还是消极的，就决定于这个过程。

当领导批评你的时候，无论对错，你都该“踩刹车”。

我们在遇到刺激的时候，情绪往往会立刻爆发，顶撞领导、得罪同事，很多时候都是无心、无意的，事后想想也觉得后悔。

“踩刹车”和“踩油门”之间的转化，其实就是能量之间的转化，主要靠心态。观察事物的角度不一样，结果自然而然就不一样。

积极的态度会把能量转化成主动的结果，而消极的态度会把能量转化成被动的结果。

外界刺激引起本能反应，这种本能反应引起了情绪，进而打开了心态的开关，而心态是积极的还是消极的决定了“踩刹车”还是“踩油门”，直接影响接下来的行为是积极的还是消极的，带来积极的还是消极的结果。这就是情绪的反应链条。

逆推可知，一个好的人生，一定是由很多好的结果构成的，而好的结果一定源于他之前的好的行为。这个行为是什么时候产生的？是在他面对一件事情的时候从他的心态中产生的。

综上所述，要想提升情商，就必须对情绪有深刻的认知，认知情绪，需要注意以下几点。

1. 正确认知情绪，它是由多种感觉、思想和行为综合产生的心理状态和生理状态。

2. 情绪是客观存在的，不可“消除”和“消灭”，情绪是一把“双刃剑”。

3. 人的伟大之处，在于人有修正潜意识的能力。要成为一个真正的人、一个伟大的人、一个可以掌握自己人生的人，就要学会用意识管理潜意识，用智慧管理和控制情绪。

4. 情绪的反应链条真正解释了当人受到外界刺激的时候，他的本能、情绪、能量、心态、行为及结果之间的微妙关系。

第三章

感知自我和他人情绪的妙招

你在工作、生活中是否遇见过以下情景？

领导已经怒形于色，你还在自说自话，丝毫没有察觉，最后领导生气了，你却不明所以。

同事对你说的事情已经感到不耐烦了，想要结束谈话，可你却越说越起劲，于是同事直接起身走开，你对此感到很不理解。

有时，莫名其妙地，你自己就生气了……

这些事情之所以会发生，都是因为没能提前察觉到他人和自己情绪的改变。认识情绪后，如何感知情绪？本章将重点讲述如何通过微表情判断他人的情绪。

第 1 节

情绪与大脑

大脑和情绪的逻辑关系如图 3–1 所示，在知道了大脑和情绪之间的关系、明白了情绪是如何产生的、为何速度那么快、传递过程当中为什么身体会先产生变化后，我们才能进一步研究人的表情行为的变化。

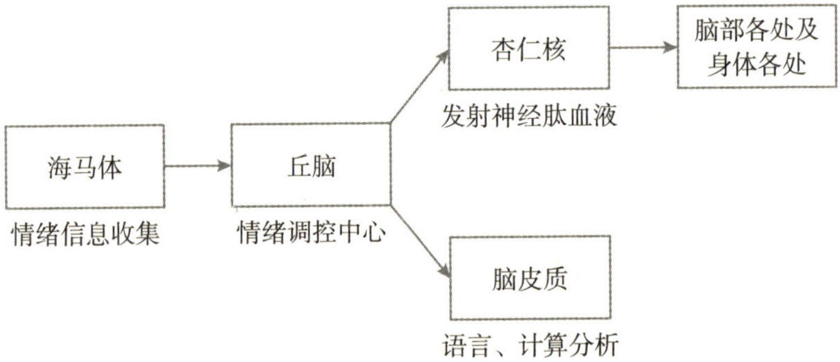

图 3–1 大脑和情绪的逻辑图

从图 3–1 中可以看到大脑包括海马体、丘脑、脑皮质、杏仁核和边缘系统。人在听到了某种声音、某个信息，或者不好的言语时，就会刺激海马体，把所有感官收集到的信息瞬间传至丘脑。

丘脑的主要作用是调控和收集信息。当信息到达丘脑之后，就会“兵分两路”。

一路到了杏仁核，杏仁核发射神经肽血液到全身，于是人体就会感觉到情绪的到来，产生接下来的诸多反应。

另一路到了脑皮质，脑皮质对信息语言进行分析和加工，思考就来源于脑皮质。

但是，丘脑向这两个部分传递信息的速度是不一样的。丘脑将信息以非常快的速度传到杏仁核，脑皮质还来不及反应，情绪就已经指导人做出一系列情绪化的行为。例如，你的领导或者同事说了一些你不喜欢听的话，你马上就开始有反应了，这个反应不是立即进行言语顶撞，而是由气愤导致的脸部发红。

注意，当情绪发生变化的时候，首先发生反应的是身体。在研究感知他人情绪的时候，首先要研究的就是面部和肢体语言的变化。

丘脑将信息传递到杏仁核只需要一瞬间，但是传递到脑皮质却需要 6 秒。情绪的速度比思考快 8 万倍以上，因此当情绪来临时，很多时候人们来不及思考。但是只要在 6 秒内你控制住了自己的情绪，等待大脑激活思考模式，就能做出受控制的行为。

我们可以通过他人的面部表情、言语表情、肢体表情，感知对方当时的情绪。

第 2 节

面部表情

一、表情变化的时间

科学家说，观察表情变化的时间长短，是辨别情绪最有效的方法。每个表情都有它的起始时间、停留时间和消失时间。通常情况下，表情的起始时间和消失时间没有固定的规律。

一般一个真实的惊讶的表情的持续时间可能不到 1 秒。一个人的表情如果持续时间过长，就可能是假的；如果一个人的某个表情保持超过 10 秒，除非表情特别强烈，否则就不一定是真实的。比如假笑，为什么说一个人在假笑？因为这个人不知道该在什么时候停止他的笑容。即使一个人的面部神经非常发达、即使有时情绪非常激动，面部表情也难以维持很久。

要判断一个人情绪的真假，从细微的表情当中也可以发现蛛丝马迹，这就需要平时多仔细观察。微表情可以应用在 HR 面试中，观察求职者说话时的表情，来判断他的话是真是假。

二、表情变化时的面部肤色

人的面部肤色的变化由自主神经系统控制，会随着一个人内心的变化而变化，难以掩饰。

生活中常见的面部肤色变化一般是变红或变白。

当一个人的面部变红的时候说明这个人感到害羞、羞愧或者尴尬；在非常愤怒的情况下，面部通常会瞬间通红、面红耳赤。

如果一个人的脸色苍白，就说明他感觉到了痛苦、压力、害怕或恐惧。当你揭穿了对方的谎言，就会发现对方陷入恐惧，脸色苍白。

面部表情在表达思想、情感、感觉方面起着非常重要的作用，但是不能单凭某一个表情就下结论，只有将所有的面部表情、肢体语言、语音、语调综合起来，并结合当时所处的环境和背景进行综合分析、考察，才能准确把握他人当时内心的情感世界。

三、眉毛

眉毛最容易被情绪所牵引，可以说，眉毛的动作是一个人内心世界变化的外在体现。

将“眉头”跟情绪的跌宕起伏联系在一起，通常会令人想到“才下眉头，却上心头”“千愁万恨两眉头”等。古人写到眉毛时，就离不开一个字：愁。其实，眉毛代表的情绪除了忧愁之外，还有希望、诧异、疑惑、惊奇、否定，等等。我们可以从一个人眉毛的细节中看出对方的一些心理变化。

（一）听你说话时双眉紧锁

向领导汇报工作、与客户沟通或者与候选人谈判的时候，一个人在沟通过程中提及某个点的时候，可能会锁起双眉。这表示什么？这表示你当时的言语可能引起了他的怀疑或者困惑。

即使对方没有说出他的疑惑，但是他已经用双眉锁紧这个动作告诉你了。这个时候，可以用缓慢的语速和真挚的话语让他感动，进而消除他的疑惑。如果这个时候不会观察，还一直自说自话，就会出现“你说你的，他说他的”的现象，这种沟通多以失败告终。

（二）自己说话时紧皱眉头

有的人说话的时候会紧皱眉头，这种习惯说明他们不自信。他们希望自己的言语不会被你误解，同时也希望得到你的肯定。如果你能对他们的话进行重复、跟他们确认，沟通过程就会更加顺畅。

（三）手指掐着紧皱的眉心

有些人会常用手指掐紧皱的眉心，这种习惯说明他们做事情经常犹豫不决，或者经常后悔自己的决定。遇到这样的人，要做好长期沟通的心理准备，你可能需要花费很多的时间和精力消除他的疑惑。

四、眼睛

有这样一句话：观其眸子，人焉瘦哉。意思就是说，观察一个人就要从他的眼睛开始，因为一个人的想法常常会从眼神中流露出来。天真无邪的孩子目光清澈明亮，而心怀不轨的人眼神则多浑浊不清。我们常常把眼睛比作心灵的窗户，在交往过程中，眼睛往往被看作焦点。

（一）表达怀疑的情绪

如果某人在谈话时忽然眯起双眼、皱起眉头，并不停地对你进行打量，就代表他在怀疑你说的话。他希望用眼睛在你的身上找到一些蛛丝马迹，以肯定自己的判断。这种表情主要表达一种不确定、不认可的态度，它经常出现在一个人对某个决定没有把握的时候。可以“对号入座”一下，平时你身边有没有这样的人，或者在你的经历当中有没有这样的情况？

（二）表达愤怒的情绪

当某个人盯着你的时候，就会显示出紧张的眼部状态，他的上下眼皮会跟着很紧张，眼睛眯成一条缝。用眼睛盯着别人——这种眼神通常被用来宣泄内心的感受，达到吓唬人或者威胁人的目的。

比如，吵架的时候，很多人会怒目圆睁、紧握双拳，表示他要开始攻击了、要发火了。这个时候，如果你不想跟他发生直接冲突，就可以往后退或者离开现场。

（三）表达恐惧的情绪

当一个人感到非常恐惧的时候，眼睛就会直愣愣地瞪着，好像要把危险逐渐迫近的细微变化看得清清楚楚。在这样的状态下，人的下眼皮会很紧张，但是它同“吃惊”的不同之处在于，感到恐惧者的眉毛会抬起来，并锁在一起。

有一种说法是，当一个人说谎的时候，会因为心虚而不敢看对方的眼睛，而会将自己的视线抛向一边。那么这是否能说明，如果对方的眼睛一直看着你，他说的就一定是真话？

心理学家做过这样一个实验。

把参与实验的人分为甲乙两组，并且让甲组的人对乙组的人撒谎。同时，要求甲组中 50% 的人在撒谎的时候一定要注视对方的眼睛。心理学家对实验过程进行了录像。

录像完毕，心理学家来到电视台，做了一期“你能识别哪些人在撒谎吗”的访谈节目。节目中，心理学家要求观众看完视频后指出哪些人在撒谎，并说出各自的理由。结果很多观众都中了心理学家的圈套，在那些撒谎时注视对方眼睛的人中，有 95% 没有被识破，观众认为那些说谎者是在实话实说，因为他们说话的时候敢于注视对方的眼睛。而在那些事先没有被心理学家叮嘱“撒谎时要注视对方的眼睛”的人中，有 80% 都被识破了。

可见注视对方的眼睛，是说谎者用来伪装的有力道具之一。

HR 在面试的时候总会被告知：如果求职者看着你的眼睛说话，就说明他自信、说的内容是真的。所以很多求职者在面试的时候都会盯着面试官看，因为他们在面试前也看了“面试红宝书”，知道面试官会通过哪些方法对候选人进行测试。HR 经常使用的行为面试法，如微表情细节追问法等，其实很多已经被求职者所知晓。

依据求职者自我介绍、回答问题的流畅程度，以及对方回答细节问题时是否敢于看着你的眼睛来判断求职者是否在说真话的时代已经过去了，因为求职者也在研究面试官。

如果对方用力看着你的眼睛，刻意地延长和你对视的时间超过5秒，那么在大部分情况下，他是在企图掩饰一些东西，他说的话90%是不能相信的。

所以，想要判断一个人的真正心理状态，仅依靠表情、眉毛、眼神等，可能还是会出现误差，还需要通过其他方法综合判断。

第 3 节

肢体语言

日常生活中，人们可能会把更多注意力放在观察交流对象的语言或面部表情上，而很少会在意对方的身体距离、身体的朝向以及手部、腿部、脚部等肢体上的动作。

研究发现，在面对面交流中，语言所传递的信息只占完整信息量的 35% 甚至更少，那剩下的 65% 又是怎么传递的呢？既然不是语言，当然就是非语言交流了。这里的非语言交流，并不只有面部表情，还有相当大的一部分是肢体动作。笔者详细研究了数千次销售和谈判过程，结果表明在商务洽谈中，超过 60% 的重要决定是在肢体语言的影响下做出的。

不论在职场上还是在生活中，第一印象都尤为重要。对一个陌生人的最初评判会用多长时间呢？一般不会超过 4 分钟。而通过这短短的数分钟，又能对一个陌生人有多少了解呢？又是通过什么来评判他的呢？可能你自己都没有发现，对方的肢体动作已经在无形中影响了你对他的第一印象。

身体语言是一种个人情感的外在表现形式。很多人都能把自己的面部表情管理得很好，以至于没有深厚微表情知识的人很难从他们的面部表情中判断出什么。但是人们对于肢体动作的管理则相对比较松懈，所以肢体语言要比语言和面部表情诚实得多。

如果你能读懂每一个手势、读懂每一个动作背后隐藏的情感和情绪，就能直面对方内心的真相、揭开对方的底牌，也就能成为对方最好的朋友、最强有力的竞争对手，甚至最贴心的爱人。

一、紧张不安

不知道你是否注意过，人在紧张的时候，总会下意识地做一些小动作，而这些小动作能够泄露很多信息。

如果一个人在与人交谈的时候总是不停地摆弄头发，就说明他的大脑发出了这样的信息：我现在心慌，你安抚我一下。这个时候他心中是紧张不安的，希望你能安抚他一下。

如果家中有孩子，可以留心观察一下他们的身体语言。你会发现小孩子在犯错被父母或老师发现之后经常做一些动作：站在你面前，身体不动，手不停地摆弄头发，眼神还显得很无辜，仿佛在说：我错了，我会不会挨打呢？

所以有的时候小孩子频繁地摆弄头发不是因为他头皮痒，而是因为他内心极度不安、缺乏自信，他需要用这个动作来掩饰这种不安。

• 眼神一来一往地瞟	• 把全身重量从一边换到另一边
• 肢体收缩（卷起来）	• 脚和手臂交叉或放开
• 在椅子上晃来晃去	• 不停调整或玩弄笔、杯子、眼镜、衣服、指甲、头发和手等
• 用手、手指或脚打拍子	• 清喉咙
• 两手扭绞	• 紧张地微笑
• 紧张得猛咳嗽	• 头低下去看下方
• 咬嘴唇	• 大幅度地摇摆或发抖
• 紧张得猛讲话	• 把手放在口袋里
• 大量流汗	
• 肌肉紧绷起来	

图3–2　紧张的一般特征

二、高度自信

当一个人高度自信的时候，他的肢体动作往往能够反映大脑的高度舒适感和绝对的自信。可以尝试一下头枕双手这个动作，做这个动作的时候，是不是腰挺得很直？是不是有一种长高了的感觉？是不是有种优越感呢？这是一种表现力量的动作，它代表着自信。

在职场当中你会发现，自我感觉良好或者对某些事情特别强势、自信的人，经常会做出这种姿势，仿佛在跟别人说“我知道所有的答案”，或者“一切都在我的掌握之中”。

头枕双手这个动作经常出现在管理人员身上，你很少见到普通的职员对自己的上级做这个动作。

三、否定与排斥

如果一个人对你不认可，他也许不会用语言直接回绝你，但是他的肢体语言会告诉你。在绝大多数情况下，双臂交叉这个动作表示否定或者防御。所以经常可以看到在陌生人之间，或者在人们感觉不确定或不安全的时候，出现这样的姿势。

两个人在谈话当中会出现这个动作，尤其是在陌生的公众场合当中，做出这个动作的可能性非常大，因为人对未知都有一定的防御心理。当对听到的内容持否定、怀疑的态度时，也会做出这个动作。

第 4 节

言语表情

每次谈话实际上都会有两种对话产生，一种用语言，另一种用声调，有的时候这两者是一致的，但通常情况下并不是这样。

你问对方：你最近怎么样？对方回答：挺好的。你不会通过“挺好的”来判断他此时是真的好还是伪装的好，而会凭借他在说话时的语调、节奏、速度来判断他此时是好还是不好。如果他的音调很低、节奏缓慢，就说明他最近其实不是很好；反之，如果他的音调高、语速快，则说明他最近真的挺好的。

人有时会隐藏自己的情感，当迫切需要进行自我表达，但又不想直接说出来时，你可以通过对方的语音、语调判断，得出他传达的真实信息。例如，一个人叹息的时候会放慢说话速度、很简短地回答问题、用有气无力的声调诉说。这个时候你就能判断出来，他的情绪是比较消沉的。

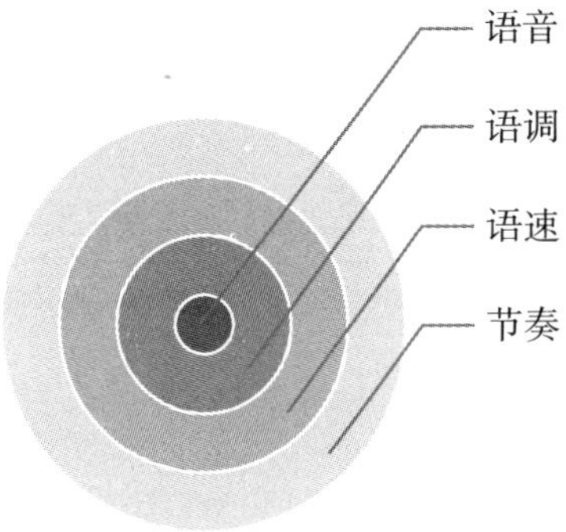

图3–3　言语的表情

一个人声音的高低是天生的，但人们通常会出于一些特定的原因，刻意调整声音的高低，当感到特别害怕、痛苦、兴奋的时候，大多数人的声音会提高；而当感到伤心、沮丧或者难过的时候，大多数人的声音会降低。

声音只能透露一部分情感，但如果配合肢体语言、面部表情和说话内容进行综合判断，就能掌握一个人的真实情绪。

如果一个人的说话声音、说话内容和肢体语言表达的内容非常一致，你就能判断出他的感觉，并预测出此时此刻对他该做出什么样的反应。例如，某位同事升职加薪了，原来工资是 5000 元，老板突然把他的工资调整到 7000 元，他跑到办公室跟你说：我今天非常开心，我升职加薪了。这个时候，他的面部表情是笑的、嘴角是咧开的、声音是愉悦的、肢体语言是手舞足蹈的，这个时候你就可以判断——他是真的高兴。

如果在倾听的时候观察对方的肢体语言，同时判断语音、语调，并结合当时所处的情景进行分析，就能对这个人当时的情绪有一个比较深入的了解。

人与动物最大的区别之一在于，人类有自己的语言。语言系统是非常复杂的一套系统，说话的时候是思想和信息在进行交流，同时又流露出一些个人的情感和态度，而语速的快慢直接反映了说话方当时的心理状态。

一个人的语速可以反映出他的心理健康程度。一个心理健康、感情丰富的人在不同环境下会表现出不同的语速：朗读一篇富有战斗激情的散文时，他会加快语速；朗读一篇抒情散文时，他会用悠扬、舒缓的语气来表达那种美感。

所以无论是在生活中、工作中，还是职场中，每个人都有自己固定的说话方式、语音、语调和语速，那是长期以来形成的一种固定特征，是长期存在的。我们可以领略语速中透露出的丰富的、微妙的情感。

我们还可以根据一个人的语速判断他的心情、状态。如果一个平时非常活泼、伶牙俐齿、口若悬河的人在面对某件事情、某个人的时候突然变得吞吞吐吐，就说明他心里一定有事，要么是有事瞒着对方，要么是做了什么事情心虚，导致底气不足。

职场中有这样一种情况，一些平时说话比较慢的人在面对一些对他不利的言语指责时，会突然用一些快速的、大声的语言反驳对方。这说明那些话对他来讲可能是无端的诽谤，他必须反击；但如果这个人彼时支支吾吾、吞吞吐吐、半天什么都说不出来，那么这些指责就可能是真的。

如果一个人平时的语速非常快，当他突然放慢了语速时，他一定是要强调什么，或者是想吸引别人的注意。

微表情的心理学内容实在太过庞杂——人类目前能发现的表情在 52 万种以上，本章只针对职场当中经常出现的、带有共性的问题和表情进行了讲解。

综上所述，要做好对情绪变化的感知，需要注意以下几点。

1. 通过面部表情变化的时间、面部肤色的变化，以及眉毛、眼睛感知对方的情绪变化。

2. 不同的肢体语言可能代表着紧张与否、自信与否、接纳与否，需要留心观察，以捕捉无法从面部表情中观察到的情绪。

3. 通过语音、语调、语速和说话的节奏感知对方的情绪。

4. 不能仅从单一维度判断对方的情绪，需要从多角度出发，结合对方的信息和当下的状况进行分析，综合判断。

第四章

自我情绪的管控法则

提升情商的第一步是感知情绪变化，即通过面部表情、肢体、语言、语音、语调等感知情绪变化。但是感知到情绪变化后，如何调控和分析自我情绪的变化呢？

潜意识中的行为习惯、心结、情绪决定了一个没有经过训练的人在受到一件事情刺激的时候，大脑是来不及思考的，而是由既定的情绪、习惯、心结和本能直接作出反应。那么，如何调控自我情绪的变化？如何分析自我情绪的变化？当有情绪的时候、当情绪爆发的时候，如何控制自己的情绪？

唱歌、旅游、到外边走一走、和闺密诉说、找个地方发泄、跑步，包括大喊大叫等，都是可以选择的排解方法。

但这些做法好不好？能不能让情绪得到控制？很可能当时控制住了、得到了释放，但是之后在遇到类似的事情时你依然会有情绪、依然会爆发。

这些简单的处理情绪的方法治标不治本。本章将讲述自我情绪的管控方法。

第1节

A—C 模式分析

如图 4-1 所示，假设刺激你的事情是 A，接下来的反应就是 C。

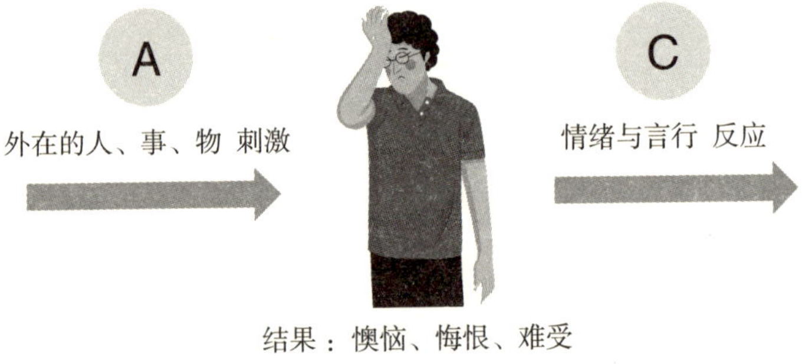

图4-1　A—C 模式

比如，下属报告写得不好这件事情是 A，A 刺激到了你，你的反应就是骂他一顿，说了很多难听的话，下属反驳道：我没有功劳还有苦劳。于是你们争吵起来。

事后回顾：是 A 这件事情导致你的情绪爆发，也就是 C。人有时会有一种想法：既然是 A 导致了 C，那么，能不能让 A 不出现？如果 A 不出现，C 自然就不会产生。所以很多人对此的解决方法是：换一个下属。

再比如，在工作中，别人说了一句不好听的话，你马上就生气了，与他争吵。你在思考：这个同事的话让我心情非常不爽，所以不让 A 出现就好了，结果你就不再理这个同事了。后来跨部门沟通的时候你找他，他也不帮你，最后你决定彻底让 A 消失在你的视野里，于是你不再跟这个同事继续来往了。

但是分析一下，A 能消失吗？可以让 A 不出现吗？很多下属受了气就说换家公司，离开原来的公司、离开脾气差的上级。但请问到了新的公司之后，新上级脾气就一定好吗？是不是还会有 A 的出现？在上家公司，你因为报告写得不好被“臭骂”了一顿，在这家公司，会不会因为你汇报工作或其他方面的问题又被“臭骂”？

正因为 A 消失不了，所以当 A 出现的时候，人的第一反应永远都是本能，这时的行为不受控制，人对冲突本身的事实进行了无限的放大，带来的行为往往使人事后懊悔。如果让潜意识控制了你，你就已经把人生交给了外界、交给了别人。

第2节

A—C模式的影响

有一天，领导布置了一个任务，让你写一份方案，于是你努力加班，半夜12点终于写完了，第二天早上到公司，将领导要求的报告呈交给他。

但领导看后却批评了你：这么点小事都做不好，还有什么用？你心情非常不爽，跟领导说你没有功劳也有苦劳，昨天晚上加班到12点，领导越听越气。

这个时候，你带着忐忑的心情回到办公室，开始想：这件事情是领导当时布置给我的，他怎么没布置给别人？我怎么这么倒霉，接了这个任务。最近领导频繁地批评我，第一次是因为我三天前的报告交晚了；第二次是因为我没有做好跟进工作，领导看中的候选人去了其他公司。今天又批评我，是因为方案没写好。我仔细检查过了，这方案没有问题，是领导没有和我说清楚要求和方式，他没有说想要一个白底、红边的PPT，我就按照自己的喜好做了一个。领导不满意颜色背景，说我错别字多，可是当时他也没有和我说要什么样的版式、什么样的内容，我就按照我的想法做了。

于是你怀疑领导是不是不想用自己了，回去和女朋友诉苦：大不了重新找一份工作，无所谓。女朋友却说你：半年换了五份工作，不能再换了！反正事情也发生了，想想怎么让领导满意吧。你越想越生气，和女朋友吵起来，吵得非常厉害。

你越来越难受、痛苦，觉得要被领导辞退，惴惴不安。

这个时候，你可以先主动找领导沟通，询问最近自己是否有些地方做得不好，让领导提出你哪里需要改正。

再和领导沟通方案的问题：这次方案是我的问题，我想了解一下，您想要什么样的结果？什么样的 PPT ？什么样的内容？客户要看什么样的东西？

领导可能会说：其实我想要的方案是这个样子（具体描述）的，而你给我呈现的是有问题的，希望你回去改一下。我并没有要辞退你，只是提醒你一下。之所以说你，是因为你是我们公司很优秀的员工，希望你能好好干。

你纠结了这么久，还因此和家人发生争吵，其实领导可能根本没有什么想法，你的苦闷完全是由自己的胡思乱想导致的。

不要什么事都往坏的方向想，不要总是对某件事情进行无限的放大和想象：这件事情为什么发生在我的身上？我怎么这么倒霉？为什么领导每次都说我？为什么老天爷对我这么不公平？陷入无限的遐想中会让自己非常痛苦、懊悔、难受、内疚，这是很可怕的事情。

你的愤怒很快就会过去，但之后你会内疚，因为这些事情你原本能处理好，但最后没有处理好，这才是令你最难受的原因。

案例智库

笔者有次在北京讲课的时候听到了这样一个案例。某学员之前拿5000元工资的时候经常顶撞老板，因为工资比较低，她觉得不爽就可以随时离开。现在这家企业给她开的工资是15000元，于是在老板无理取闹的时候、老板娘批评她的时候，她就会忍耐，但是下班后就会把白天的忍耐带到家里。有一天晚上，她因为无法忍受公司的一些指责，回到家里就跟丈夫发脾气，因为丈夫洗碗的时候只洗了碗而没有刷锅，她看不下去，就吵了起来，吵得很厉害。

情绪来的时候，忍不是办法，因为总有一天会爆发。在A—C模式下，人在受刺激后会不假思索地产生下意识行为，结果往往让自己后悔。这个时候就相当于把自己的命运交给了外界，因为你所有的行为都没有经过思考，也就是说，你的行为并不是在你的支配下进行的，你根本不知道你做的是什么事情。

很多时候我们会发现，面临同样一个事件，不同的人会有不同的反应并得到不同的结果。

笔者在培训现场经常问学员：当你被公司辞退的时候、公司给你换岗的时候，你会怎么样？你会跳楼吗？很多人说不会。

但是前不久，新闻报道，一个企业发生了员工跳楼事件，那个员工因为一些原因离开了公司，他想到家里上有老、下有小，妻子在家待业带孩子，找公司谈补偿问题无果，因为公司那年业绩一般。后来他找到公司人力资源部，谈了很多次都没有结果，公司没有按照他提出的要求给予补偿。

他当时的想法是：我在公司干了这么多年，为公司付出了这么多，我离开的时候，公司却不给我想要的补偿；而且我年龄这么大了，上有老、下有小，外面工作也不是很好找。他将这件事情跟妻子说了之后，妻子也不理解他，还说他没能力。他最后一次跟公司谈判，还是一样的结果。他没有任何办法，越来越想不通：为什么这些事会发生在我的身上？最后很绝望地从楼上跳了下来。

对于这个问题，很多学员回答：大不了再找一份工作，生命多重要，或者做点其他事情，不至于跳楼。

但是为什么案例中的人从楼上跳下来了？面对同样的事，为什么不同的人想法不一样？

思考这样一个问题：你的心情、你的心态和情绪究竟是由遇到的事还是遇到的人决定的？

很多人说，我的心情好坏是由我遇到什么事情决定的，如果没有这件事，我的心情就不会受到影响。

还有人说我的心情主要受人的影响。比如，A 领导对我不满意，我也非常讨厌他；但只要是 B 领导布置的工作，哪怕是错的我也愿意干，因为我喜欢他。

如果你的心情好坏因人而定或因事而定，就相当于把自己的情绪和人生都交给了外界、交给了别人。

讲一个非常经典的故事。一个男人某天早上洗漱的时候把手表放到了桌子上，儿子不小心把表碰掉摔坏了。这时，他非常激动，没有控制住情绪，打了儿子一顿。这时妻子跑了过来，说：你不应该打孩子。于是两个人发生了激烈的争执。男人一气之下摔门而出，开车去上班，车速很快。在路上，他发现有人超车，就开车和对方斗气，结果在路上又和其他人发生了争执。到了公司，他发现自己的公文包没有带，而里边有重要的文件，他赶回家但家中没有人，他又忘了带钥匙，于是急忙打电话让妻子回家送钥匙。妻子也非常着急，一路“狂奔”，不小心撞翻了一个水果摊，好说歹说，赔了一笔钱才离开。

最终的结果是：男人因为迟到被领导批评，因为公文包里的文件没带导致合同延期；妻子也因为这件事情迟到，错过了一次重要的会议，被公司严厉地批评警告了一次，并取消了当月的奖金；而他的儿子这天参加了棒球比赛，因为发挥不好，被淘汰了。

分析一下整个事件，“手表摔坏”只占整件事的10%左右，但它引发了后续的一连串事件，而后面的一系列事件就是另外的90%。由于当时男人没有控制好情绪，导致了后续的90%的事件的发生，使全家人的这一天都非常糟糕。

如果一个人被混乱的情绪控制了，那么他将无法控制自己的人生。

想象一下另外一种场景。手表摔坏的时候，男人爱抚他的儿子说：不要紧，手表坏了，没什么要紧，我拿去修修就好了。儿子不会忐忑不安，妻子也高兴，后面的一系列事件自然也就不会发生。

也就是说，即便你控制不了整件事的前10%，也完全可以通过自己的心态与行为，改变剩下的 90%——你的人生，由你做主。

一个人的心情好坏既不由人而定，也不因事而定，而由自己的信念和反应决定。也就是说，你对一件事有怎样的看法，接下来你就会有怎样的行为。

第 3 节

ABC 理论实战

一、ABC 理论

ABC 理论是美国心理学家艾利斯的经典理论，也就是情绪的理性疗法。艾利斯发现，当受到外界 A 事件或人的刺激时，很多人自然而然地依据本能产生了 C，也就是情绪言行反应。

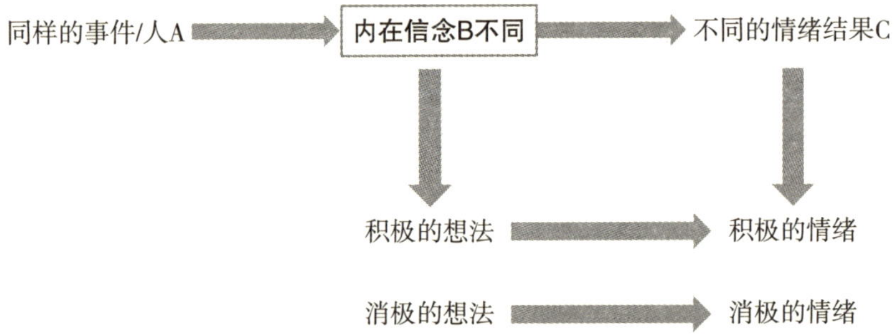

图4-2　ABC 理论模型

为什么面对同样一件事情，不同的人会有不同的看法和行为？因为 A 不会消失，它是客观的，而 C 是由 A 产生的，人的不同本能使不同的人对同一件事产生不同的行为，进而引起不同的结果。也就是说，A、C 中间还有一个 B，即选择的自由。当一个人面对 A 的时候，可以对 A 进行思考和转换想法，进而转化为不同的行为。

例如，在工作时由于你自己不细心、不主动，没有问清领导某件事的目的和意义就开始做，导致结果不理想，被批评了。受到批评后，你的想法是：领导应该跟我说清楚这件事的目的和意义还有交期，也应该说清楚标准，这些内容都没跟我说，我怎么会知道？所以我不服。带着这种想法，你可能就会顶撞领导并发生争吵，这就是 A 导致了 C，结果是你自己非常难受。

但是如果中间加上一个 B，结果就会不一样。

这件事情领导布置给我，是他对我的充分信任和认可，虽然我没有办好，但依然感谢公司给我机会和平台，我会虚心学习，进行改善，争取让能力得到提升。

在这样的状态下，你的反应就不会是顶撞领导，而是平静下来和领导说：这件事情是我做得不对，错在某几处，我会进行改善，谢谢领导指出错误。

这个时候你的心态是平和的、是稳定的，你的大脑是处于思考状态的，你也不会直接和领导产生激烈的冲突。

这就是面对同样的事件 A，不同的 B 导致不同的 C。

当面对同样一件事情的时候，态度可能有消极、有平静、有积极，它的结果完全取决于你怎么看待这件事情。

前不久笔者和朋友讨论了一件事情：朋友的一位同事在上班时间在办公室内用视频哄孩子，长达 30 分钟。

朋友说：我受不了，这极度影响我的工作效率，我实在无法完成工作，一下午心情都非常烦躁、郁闷。

这位母亲此时认为哄孩子是非常重要的一件事情，她已经忽略了是在公司，她此时的认知是：没有什么事情比哄孩子更重要。你认为她在故意破坏工作氛围，但是又无法制止这种行为。这个时候，如果你认为它影响你了，那么接下来它真的就会影响你。

那么该怎么办？只能让自己无限地难过、郁闷、工作效率低下吗？

换一种想法：这位母亲真的太伟大了，为了孩子不惜一切代价，这是一种有责任的表现。虽然在公司打视频电话是不对的，影响其他同事工作，但此时此刻我要理解她的心情，她真的很不容易——孩子那么小，自己又在这么远的地方上班，为了孩子，为了家庭，她也在拼搏。她虽然影响了我，但这种事情也只是偶尔发生，我虽然受不了，但可以离开这个环境，比如去外面待 20 分钟，或者在 20 分钟内反思一下最近工作的问题和改善对策，等等。

你对这件事在看法上的不同会导致你行为上的不同。

艾利斯的 ABC 理论让笔者受益匪浅，可以说终身受益。记得当时笔者在做讲师的时候，第一堂课叫作“员工的职业素养提升”。人力资源部把培训内容发到各个部门，通知周六上午 9 点培训，结果当周六上午 9 点笔者到达培训教室的时候，发现只来了一个人。

怎么办？课程要不要讲？讲砸了怎么办？最后课程被笔者讲得磕磕巴巴、反复出错。在向人力资源部经理汇报时笔者说：领导，这件事情我没有做好，您处罚我吧，我觉得我不太适合做讲师。他问为什么，笔者说：我连一个小时的课程都没有讲好，我觉得自己太笨了。经理说了一句话：为什么会有这样的想法呢？谁不是从零做起的，每个优秀的讲师不都是从一节课一节课中积累起来的吗？我想问一下，你这次最大的收获是什么？

笔者当时一脸茫然——课程没讲好，还能有什么收获呢？经理于是推荐笔者回去看艾利斯的书，读完后笔者恍然大悟，改变了原有的认知。

笔者当时的感悟是，第一，要针对不同的人随时调整自己的课件；第二，“员工的职业素养提升”是一门相对感性的课程，以说教为主，在以后的课程当中可以加入一些互动内容，增强与员工的互动；第三，这门课程是笔者第一次讲，别人再问的时候，就可以说：我有经验，曾经讲过“员工职业素养”这门课程。

领导听了笔者的感悟后很高兴，说：你看，这不就是很好的进步吗？

这个时候笔者也恍然大悟，从消极、被动的想要放弃，到从中吸取了经验教训并找到了改善方式。

最终，笔者的课堂到场人数从 1 人变成 5 人、从 5 人变成 10 人、从 10 人变成 100 人，最终变成 500 人，根源都在于对这堂课的反思和总结。

一件事失败之后，你对它的态度是什么，决定了你接下来的人生走向。如果笔者当时放弃了，可能就没有笔者的讲师之路了、就不会有一门又一门精选课程的产生了。这就是让笔者终身受益的情绪管控的 ABC 理论。

二、如何调整B

但是，我们如何找到B、转化B呢？人在面对刺激的时候，由于本能反应特别快，会直接产生行为C。那么如何找到B呢？这里提供几个方向，让你在面对情绪冲突的时候，让自己迅速冷静下来。

比如，有一天你和男朋友约好了晚上8点去看电影，这天是你们的纪念日，你非常开心。但是很不巧，快下班那一刻，老板跟你说：公司马上要签新订单，合同和方案必须今晚做出来。于是你和男朋友打电话解释，男朋友不是很开心，但是也同意了。你辛苦做到凌晨2点，方案改了21次。第二天早晨向领导汇报工作的时候，领导看了方案，二话没说便批评了你，指出了你的问题。你低着头回到办公室后，什么事情都不想做，你的想法是：我都没有跟男朋友去看电影，而且为了公司加班到这么晚，方案改了好多遍，你还是不满意！

这种想法渐渐发展成：你是不是瞧不起我？你是不是想辞退我？你是不是对我不满意？

再一反思，自己最近确实表现不佳，这种状态一直持续着，所以方案怎么改都改不好，最后距离交期只剩下3个小时了，你的心情非常焦急，做不好，又不知道怎么改。

这样的情况该如何改善呢？如何通过调整B来调整你看问题的角度？

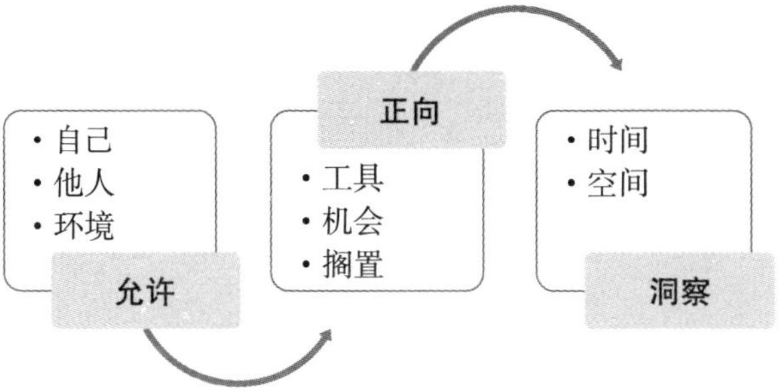

图4-3　如何调整B

（一）允许

1. 要允许自己的不完美。方案做不好，允许自己暂时的不完美。

2. 也要允许他人追求完美。他人有权追求自己想要的东西。老板花钱雇你，一定是希望你能为他解决问题，老板有权看到更好的方案，要充分体会老板的心情。

3. 要接纳当下的环境。你来公司就是要解决这样的问题：客户要求必须在当天下午 3 点前提交合同和方案。

（二）正向

凡事要学会正向、积极地思考，如这次事件为我的成长提供了一个很好的机会，如果把这件事情处理好了，我的能力就会提升。我非常感谢老板，把这么重要的事情交给我来做。

很多人说要多和“正能量满满”的人接触、生活、工作。为什么呢？因为有时情绪也是可以转移的，一个人的情绪可以影响、感染其他人。如果整天跟消极的人在一起，他的“负能量”就会传递给你，于是你也会消极，时间长了，它就会在你的潜意识中“扎下根来”。也就是说，当你再遇见事情，想往积极方向想都做不到，因为骨子里全是“负能量”。

当你发现一项工作或一项技能一时半刻无法掌握的时候，不妨放下它，过一段时间再去处理。

大脑思考的时候是需要能量的，这个时候可以补充一下能量，比如吃点东西、出去走一走，等等。

如果现在解决不了这个问题，就暂时不想了。缓一缓，等有办法了再去解决它。

这样的话，是不是对同样一件事情，想法就改变了？

（三）洞察

时间转换。类似上面的搁置，把这件事放一放，过段时间再处理。

空间转换。事情发生后，你当时很懊悔。但是想想，在未来的某一天，当你回想起这件事的时候，会不会觉得当时的自己很可笑？你会跟你未来的儿孙去讲这件事吗？这件事在你生命当中算什么？这就是空间转换。

笔者之前的一位同事做生意赔了10万元，后来想想，很多人做生意赔了1000万元，现在已经翻了身，挣了1亿元，再想想也就释怀了。

当他释怀、冷静下来的时候，就会分析为什么这次生意赔了。回归自己的思考，才能让自己变得更加优秀。

这就是调整B的几个方向，需要多加练习，进而改善思考习惯。

如表 4–1 所示，第一列是刺激，也就是 A；第二列是思维 / 态度，也就是 B；第三列是情绪言行，也就是 C。

表 4–1　ABC 理论实践

刺激	思维 / 态度	情绪言行
加班赶出来的方案被老板否定了，还说我无知。	我这么辛苦，老板怎么这样？没有功劳还有苦劳。	情绪：委屈 言行：辩解
加班赶出来的方案被老板否定了，还说我无知。	我允许自己做得不够好； 老板有权选择更好的方案； 这是一个很好的学习成长的机会。	情绪：平静 言行：改进

A：加班赶出来的方案被老板否定了，还说我无知。

B：我这么辛苦，老板怎么这样？明明是他没有说明预期的要求和时间节点，我怎么说没有功劳也有苦劳。

这时他情绪上非常委屈，反映在言行上就是去辩解：老板，你没有告知我你要的结果、标准和目的，还有意义。结局怎样，可以想象。

把这件事换个角度捋一下。

A：加班赶出来的方案被老板否定了，还说我无知。

B：第一，我允许自己做得不够好，要接受自己的不完美；第二，老板既然花钱雇了我，就有权选择更好的方案；第三，这件事情给了我一个非常好的学习成长的机会。

C：情绪上平静了。回去继续按照老板的要求修改方案，情绪言行从之前的委屈辩解变成了平稳修改方案。

一次又一次地改变，一次又一次地唤醒你的人生，从此你将与众不同。

感兴趣的读者，可以找出一个自己情绪爆发非常激烈的案例，填入表 4-2。试着回想一下，当时的 A 是什么？ B 是什么？调整一下 B 再思考，再遇见类似事件的时候，B 是什么？ C 是什么？是否可以让你的人生发生一个小小的改变？

表 4-2　ABC 理论自测

刺激	思维 / 态度	情绪言行

综上所述，要想调控自我和转移情绪视线，需要明白以下几点。

1. 事情发生后，我们通常会觉得懊恼、后悔、难受，给自己“憋出内伤”，原因在于，我们通常会将思维局限在事情本身上，将细节无限放大，而没有去寻找改善方法。

2. 问题出现后，我们对这个事情的不同信念决定了我们的不同行为和结果，我们要学会情绪转化、学会平静，并逐步过渡、升华到问题的分析与解决上，最终形成习惯，拥有调控自己情绪的能力。

第五章

高情商进阶修炼的核心逻辑

一个人在什么时候会发生情绪变化？可以通过他什么样的行为、语言发现他的情绪变化？如何分析他的情绪变化？前面提到，可以通过言语、表情、肢体语言等分析出这个人当时的情绪变化。那么，如何通过对方的行为和决策，提前感知到他的行为变化？

假如能分析到这一步，那么无论是与人谈判还是谈薪资，都会握有一定的主动权。

第1节

分析他人情绪的核心理念

本章进入情商学习的第二个层次，即从感知自我情绪的变化、感知他人情绪的变化、调控自我情绪的变化，上升到如何分析、判断他人情绪的变化，进而得出相应的应对方式。如图5–1所示，这里分为三种情况讨论。

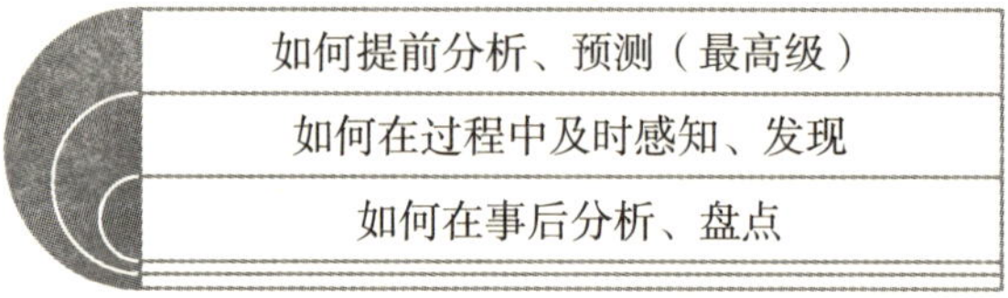

图5–1　分析他人的情绪

一、提前分析、预测

有的领导注重员工的人品，如果他发现你不诚实，比如说假话或夸大其词，就会非常生气。这能不能提前判断？如果你提前判断到了，那么你在向他汇报工作、同他沟通的时候，就要注重两个字：诚实。千万不能在报告中弄虚作假、在宣传的时候数据造假，因为

"诚实"是他的底线。提前知道他的底线，就知道如何与这样的领导工作了。

二、过程中及时感知、发现

在很多情况下，你无法提前感知领导的喜好，你可能没有节俭、没有实事求是，这个时候，你其实有机会发现领导的情绪变化，要善加应对，具体方式接下来会讲到。

三、事后分析、盘点

比如，某次采购你买贵了，领导不满意，告诉你成本太高、超出预算了，下回一定要注意。很多人就此开始陷入无限的遐想中，委屈、难过，觉得老板是要辞退他。

要学会复盘分析，分析一下为什么老板这么生气、为什么老板觉得你东西买贵了、解决方式是什么，下回买东西的时候怎么做能够符合老板的心意、符合公司的预算等，这样才能进步、才能提升。

比如，采购这件事，它是会重复发生的，只有学会复盘分析，才能保证在今后的过程当中不犯同样的错，否则你的情绪就会因为这一件事反复出现。忍最终是忍不住的，所以要学会复盘、学会分析。

那么，如何进行分析呢？

回顾一下前几章讲过的，思维决定行为、行为决定结果、结果再反过来影响思维。

当受到外界刺激的时候，思维会分为两部分，一部分是意识，另一部分是潜意识，而最快作出反应的一定是潜意识，所谓"江山易改，禀性难移”，这就是习惯行为会重复发生的原因。HR 招聘时使用的行为面试法，其本质就是通过过去的行为预测未来的行为。

第 2 节

分析情绪的模式图

情绪分析模式如图 5–2 所示。按图 5–2 深色箭头所指方向可以看出：思维决定想法、想法决定行为、行为决定结果；再看浅色箭头所指的方向：结果源于某种行为、行为源于某种想法、想法源于某种思维。

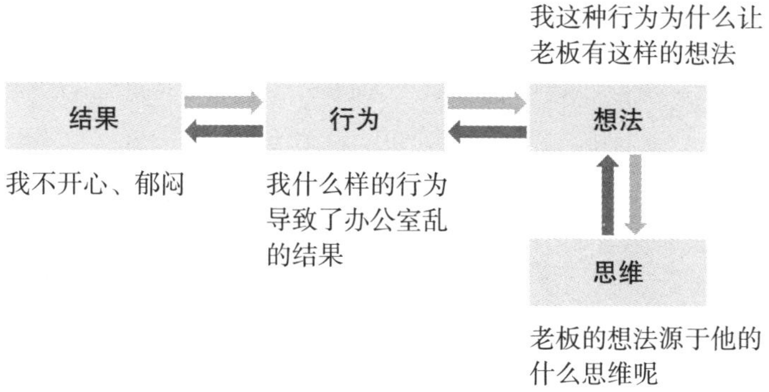

图 5–2　情绪分析模式

比如，领导是一个爱干净的人。有一次由于你的电脑桌面凌乱，领导需要的重要文件，你 10 分钟之后才给他发过去，于是他对你发了火。

那么，这件事情应如何分析、他到底想要什么呢？

如图 5–2 所示，“不开心、郁闷”是一个结果。经过分析，你一定有一个行为让领导感到“不爽”、郁闷。

那是什么样的行为？可能是办公桌脏、乱、差，电脑桌面分类混乱，以致找不到东西。

这样的行为，也叫外界刺激，它刺激了领导，而他对这件事的第一反应就是潜意识行为——非常恼火。

他的潜意识行为源于他对这件事情怎样的认知？这样的认知又是什么时候形成的？如果你能够提前分析到这个程度，就能知道领导对这件事情真实的想法是什么，进而也可以提前判断出生活中其他人的一些想法和认知思维模式。分析出这个之后，才能知道你什么样的行为是他们喜欢的。要想提前分析一个人对某件事情的看法是什么，就要进入对他价值认知的分析。

第 3 节

提前分析的判断维度

一般来说，可以从价值认知、思维模式、行为习惯三个维度对一个人进行分析，如图 5–3 所示。

图 5–3　判断情绪的维度

一、价值认知

每个人都有一套自己的判断是非、好坏的逻辑。这套逻辑只存在于他自己心中，构成了他本人内在思想的基础，在心理学上被称为价值认知。这些价值认知不会随便妥协，也不会轻易改变，所以当你不小心触犯到别人的价值认知时，就会“引爆”这个人的一些情绪，你们之间就会产生情绪冲突。

但除了在大是大非面前有绝对的是非之外，在工作、生活中是没有这种绝对的是非的，我们来举个例子。

A 员工：“工作狂”，认为工作重于家庭。

B 员工：普通员工，认为家庭重于工作。

请问，这两种价值观谁对谁错？可能公司更喜欢 A 员工，但是配偶、父母、子女可能更喜欢 B 员工。在很多时候，价值观是没有绝对的对错之分的。你认为某种价值观是对的，是因为大多数情况下，这种价值观对你有利。

回到上面的例子，为什么有的人重视工作，而有的人重视家庭呢？这可能和他的原生家庭、教育背景、接触的人和事有关。

价值认知在一般情况下很难改变。所以可以从一个人的出身背景、家庭教育和成长经历来判断他的价值认知。

心理学上认为，一个人的核心价值观实际上从童年到少年，再到成年，基本上已经形成，与人的出身背景、家庭教育环境、生长经历有密切关系，或者说，这三点决定了一个人的价值观和核心价值观。

二、思维模式

思维模式是一个人思考事情的习惯。接到工作任务，有的人会马上开始行动，以执行为第一要务，只看结果，不看过程。他们为什么会有这么强的执行能力呢？为什么令行禁止，又为什么要求你服从呢？这就要从他们的思维模式上去分析了。

如何判断一个人的思维模式？可以从高等教育经历、工作实践经历和关键转折事件上综合判断。

高等教育经历：他受过什么样的高等教育，他的学历层次、院校级别等。

工作实践经历：某领导执行力超级强，做事雷厉风行。如果可以通过他的工作经历，提前了解他的思维模式，自然就知道如何与这样的领导接触了。

关键转折事件：笔者有个朋友之前是做生意的，文科生，对数字没什么概念，大手大脚，早年在上海做了点小生意，每个月的毛利为两三万元，但每个月都存不下钱。平时他买东西很少关注价格，作为老板，自己也不怎么记账，因为是亲戚给他打工，亲戚记账写得也很马虎，数字并不精准。这个人当时的思维模式就是典型的偏重文字。

后来，他的生意越做越差，其中一个门店关门了，只剩下一个店，并且入不敷出，他才突然意识到问题的严重性。以前他手里一直有钱，所以不在乎、不关注数字，当他开始关注的时候，生意已经日薄西山、经营不下去了。

但是从那以后，他再做生意的时候就形成了关注数字的思维模式，每天的流水记得非常清楚，哪怕买个早点也会记在本子上，每天核对数据，吃一堑、长一智。

这就说明，一个人在经历过关键转折事件后，思维模式是可以改变的。

三、行为习惯

思维决定行为，当一个行为不断发生的时候，就变成了习惯。行为习惯就是日常行为风格。

雷厉风行与拖拖拉拉、强势与弱势、懂得换位思考与蛮不讲理、迎难而上与知难而退、平易近人与高高在上，这些都是个人的行为习惯。

可以通过一个人的日常管理风格、待人接物的方式和分析、解决问题的方法判断一个人的风格和行为习惯。

这就是人才盘点。职场上很多人会说：我不了解同事和上级，不知道怎么和公司上级、平级、下级沟通，也不了解他们的性格。

这时就要反思：平时你有对同事的价值认知、思维模式、行为习惯、专业技能和职业素养进行过盘点吗？同事的年龄、学历、出身背景、家庭、思维模式、思考习惯等你都不知道，如何提前感知他们的心理变化？

只有平时做好这些基础工作，才可以提前盘点出：一个人究竟想要什么、喜欢什么、他面对一件事情的时候可能有怎样的反应和想法，才能够知道他对某件事为什么能作出迅速且唯一的反应，进而得出有针对性的对策。

第 4 节

不同岗位的思维关键模式

了解了不同岗位上核心人物的关键思维模式是什么，就可以了解具有何种思维的人能将某个岗位的工作做好。

不同人物的思维关键点，是指这些岗位上的人都在关注什么。只有知道他们的关注点，才能在和他们沟通、汇报工作、请示、跨部门协调的时候有的放矢。企业常见岗位如图 5-4 所示。

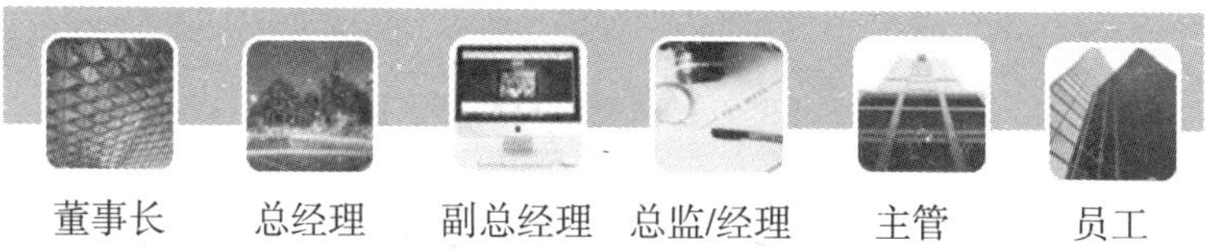

图5-4　常见的岗位

一、董事长

公司的领袖级人物，核心的思维关键点是前瞻。他要考虑的是公司未来三年到五年的事情，要提前谋划、布局好，为后面的全局战略做指引，经营成功也是他的思维。

二、总经理

公司的领导级人物，他的核心思维首先是把握全局，其次是战略指引、行动和管理。

三、副总经理

公司的辅助级人物，更多的是进行对战略的执行、指引、行动、管理等，一般不需要具备全局思维。

四、总监/经理

他们的思维模式关键点是指引、行动、管理、质量保证、成本控制等。

五、主管

他们的思维模式关键点是行动管理、完成任务、质量保证、成本控制等。

六、员工

他们的思维模式关键点是交期、完成任务、质量保证、成本控制等。

对于一名员工来说，执行是最重要的职责，也就是说，把本职工作干好，保质保量地完成任务、展示结果就可以了。主管级人员可能需要带领团队，更多的是要带领员工完成某项任务，而不是单打独斗，也需要具备一些管理技能。

了解思维关键模式的主要作用就是让你了解某一岗位上的人的一般思维模式，也就是说，只要是这个岗位上的人，一般都有这样的思维模式。

因此，在跟董事长沟通的时候，要多跟他谈公司未来的发展和战略，而不是具体的工作怎么做；和总经理沟通的时候，要多谈公司的全局问题。只有知道一个人关注什么，才能更好地同他沟通。

第 5 节

不同岗位的行动关键点

不同的岗位需要不同的核心能力以支撑岗位功能的实现，常见的核心岗位能力如图 5-5 所示。

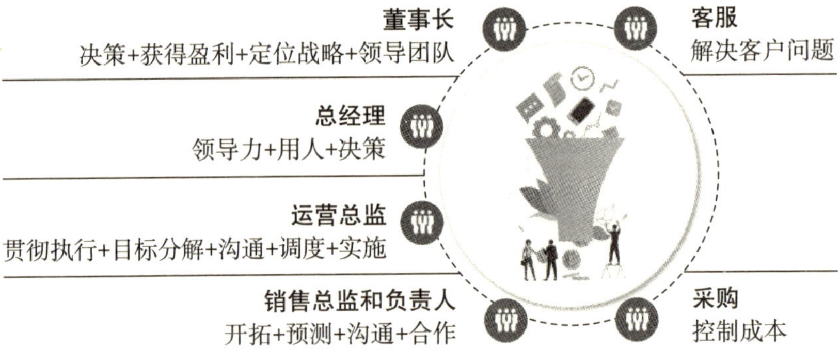

图 5-5　不同岗位所需要的能力

一、董事长

董事长必须具备决策能力，它来源于前瞻性的思维模式，即必须要在对一件事情进行充分的、具有前瞻性的思考之后，才能作出决定。

二、总经理

总经理为了完成董事长的部分指令和安排、带领团队完成董事长的任务，他必须具备领导能力、用人能力、调控能力及在自己团队内进行决策的能力等。

三、运营总监

运营总监必须具备贯彻和执行能力，因此大部分运营总监都相对强势。他要把总经理和董事长的想法变成能够实现的任务，进行目标分解并达成结果，随时跟踪进度。因此你在和运营总监沟通的时候，只要告诉他结果就可以，和他的沟通都是从谈结果、谈目标切入的。

如果不了解这些岗位上的人具备什么样的特质，你就难以理解他们在公司的一些做法和行为。比如财务人员，你发现每次报销的时候，他都会让你签很多次字，几次下来你很不满意。如果对财务这个岗位不了解的话，你就会认为财务人员在故意刁难你；但如果了解财务岗位，你就知道他们的岗位就要求遵守规则，一就是一，二就是二。所以和财务人员相处的最佳方式就是：他让你做什么你就做什么。这就是他的特质。

四、销售总监和负责人

销售总监和负责人必须具备的能力是带领团队占领市场、获取订单。因此你在和他们沟通的时候，自然也要改变应对的方式。

五、采购

采购人员必须具备的能力是控制成本，其他的都是辅助性的能力。因此你在跟采购人员谈判、沟通的时候一定要注意方法；HR 招聘时也要注意，采购人员，一定是一个会省钱的人。

六、客服

一个优秀的客服必须具备解决客户问题的能力，这种能力源于哪里呢？源于他长期为客户解决问题的习惯。这种习惯又源于哪里？源于他倾听的习惯。他必须得弄清楚客户的问题是什么，才能有效解答客户的问题。为什么他会倾听客户的问题？因为这个岗位的核心理念就是——帮助客户解决问题、让客户满意；这个岗位一个很重要的特质就是要对客户有耐心。

第6节

问题的分类

企业雇用员工的一个目的就是让员工解决问题，员工不仅要能发现问题，更要能解决问题，而想把问题解决好，首先要能发现问题。

笔者将问题进行如下分类。

表 5-1 问题分类

范围类型	自身（权限内）	自身 + 外部	外部（权限外）
看得见的（直观发现）			
寻找到的（分析归纳）			
创造出的（前瞻预见）			

一、看得见的 + 权限范围内的问题

例如，公司最近招聘销售，邀约率很低，打 50 个电话只能入职两人，入职率很低。

这个时候，先看一下能不能在自身权限范围内解决，如果盘点后发现这些问题可能是自身的话术问题或渠道开拓问题导致的，就

说明这个问题可以自己解决。

这种问题，自己发现了，自己就可以解决。

二、看得见的 + 权限范围内 + 权限范围外的问题

这种问题能够自己直接发现，但在自身权限范围内解决不了，需要其他部门协助。例如，你发现某岗位的招聘特别困难，用人部门要求学历必须是本科以上，你如果想把标准降低到本科以下，就要和用人部门协商。

三、看得见的 + 权限范围外的问题

比如，你可能发现候选人总是邀约不到，面试后也不入职。经过跟踪了解后，得知他们不入职的原因是公司没有双休，而此事完全不在你的权限范围内，因为公司休假制度是由公司领导层决定的，你解决不了，属于外部缺陷。

四、寻找到的问题

这类问题的发现比前一类难度大，不能直接观察到，需要分析归纳才能发现。

笔者之前所在的公司举办了一场培训，是给销售人员讲解销售技巧的。培训过程中学员的状态非常好，老师讲得也有激情，而且评分也很高。但是培训结束几天之后，员工还像以前一样，没有任何改变，状态不积极，销售水平也没有提升。

这个时候就要分析现象背后的原因。

首先分析课程：课程是否有问题？选择的课程是销售人员的技巧提升，没有问题。

其次分析人：参加培训的人爱不爱学习？参训人员都是销售精英，平时也都一直在学习，没有问题。

最后分析老师：老师有没有问题？公司是做健康行业的，但授课老师是互联网行业出身，使用的教学案例和内容都是基于互联网行业的，明显不适用于健康行业。

经过分析，发现原来是老师选择的问题。

五、创造出的问题

还有一类问题，难以观察到，通过分析归纳也发现不了，但是通过现有的数据、过往的经验和事物发展规律能够预测出来。

笔者之前所在的公司，某次招聘房地产销售，HR 为了完成招聘任务把标准降低了很多，通过各种手段招到了很多人。此时可以预见的问题就是，这批销售人员的离职率很可能非常高，因为没有经过严格筛选，很多人都是“滥竽充数”的。果然，他们入职后又陆续离职，两周内有 80% 的人离职。

因此在做事时一定要结合自己的权限范围和问题发现的难易程度，做好自己擅长、公司着急解决且看得见的、在权限范围内的事情，这样才最容易出结果。

很多时候会出现管理者和员工错位的现象，即员工去思考高层的事情，经常思考一些他看不见的、权限范围外的、解决不了的事。他为什么这么闲？因为他的上级把他的工作全做了，产生了管理上的错位。

很多管理者不知如何管理团队，员工提出问题后就去自己解决，不愿意让下属犯错，于是自己把下属该做的事情做了，导致下属非常轻闲，下属轻闲的时候就开始思考公司的战略、思考公司的布局。

经理也好，主管也好，员工也好，要解决的问题一定是可以在职责范围内解决的。这些问题应当是显而易见的，而且是公司和上级都关注的事情，一定要优先解决这类问题。

很多“空降兵”为什么到了企业“活不了”？因为“空降兵”往往长期在一家企业工作，形成了固化思维，到了新的公司，想的还是原来公司的做法。他可能在原来公司做得特别好、做出了结果，就以为这套工作方法适用于所有企业，而忽略了之前成功的背景和客观条件，生搬硬套。所以，很多“空降兵”到了新的企业，首先解决的不是企业关注的问题、老板关注的问题，而是自己看到的一些问题，但这些问题往往是别人看不见的。这是明显在问题的解决上出现了错位。

要想在一家企业获得长期的发展、获得领导的认同，就一定要优先解决老板和公司认为最重要的事，而不是你自己认为最重要的事，并且要优先解决自己权限范围内的事。

综上所述，要学会高阶段的情商修炼，需要注意以下几点。

1. 通过一个人的价值认知、思维模式、行为习惯，分析出他的情绪变化以及变化的原因。

2. 在职场中要想有效地应对不同岗位的人员，就要学会分析不同岗位的思维模式。

3. 在处理问题时，要先依据问题九宫格对问题进行分析，以终为始，在盘点自己的水平后，量力而行。

第六章

与上级沟通时，如何进行自我情商管理

在职场中，处理好与领导的关系是非常重要的。但是什么是真正的和领导处理好关系？如何处理好与领导的关系？和领导关系好，绝不仅是阿谀奉承。

有的人与领导之间存在友谊，有的人却只能和领导冷冰冰地交往，其间差距是巨大的。就职场而言，你与领导、同事、下级都应该成为朋友，并应该可以在此基础上相互合作、达成共识。

如果下属从不考虑或者从不注意领导的内心感受，那么就不可能与领导在心理上实现相互认同，也不可能客观地理解领导的决定。因为不懂领导的内心感受，而无法与领导形成融洽的合作关系，使自己的工作陷入误区，进而影响自己的职业发展。

很多人不懂和领导沟通的道理和逻辑，容易陷入恶性循环。如何及时地感知、分析领导的情绪变化?

你必须知道领导的情绪模式，知道他为什么会产生这样的情绪，才能得出有针对性的解决方案。

解决问题的正确方式是，了解问题是什么—分析问题原因—得出解决方案。

问题产生后，很多人都不会分析原因，直接提出解决方案；还有的人对原因的分析不透彻，分析出的并不是问题真正的原因。

案例智库

有一天老板和一位HR说，他需要一位助理，并罗列了很多条件：大学本科学历、拥有本行业5年以上工作经验、会写文案、会开车，等等。于是该HR立刻行动，按照老板的要求邀约了很多看起来合适的候选人给老板面试，但老板一个都不满意。该HR研究分析后，分析出了很多原因和改善措施，又邀约了一些他认为合适的候选人，但老板依旧不满意。在百思不得其解的情况下，他把这件事汇报给了人力资源总监。总监在分析原因之后，又让该HR邀约了几个“花瓶”，该HR虽然不明白缘由，但还是照做了，最终录用了一个助理。

这件事说明了一个道理：在不了解老板真正需求的情况下，你做什么事都是徒劳的。

那么，如何做到让领导满意？你要知道领导要什么、他的真正诉求是什么，只有这样，才能让他满意。如果不了解自己的领导，不仅在工作上很难达到他们的要求，在情感上也会很痛苦，只有了解了他们感情变化的原因，才能找到与他们相处的正确方法。

领导也是普通人，他们的感情也会因外界的各种影响而变化，特别是在他们感到压力很大的时候，许多行为会让员工感到“不可理喻”。

第 1 节

分析上级的情绪模式

一、他为什么会快乐

如果上级实现了自己的既定目标，他就会感到非常快乐，这是一个有价值的信号，表明上级的愿望得到了满足和实现，而这种信号需要你平时观察和留意。

比如，上级最近好事接二连三，不仅如愿以偿地招到了一名天才员工，还“挖”到了自己梦寐以求的总监，公司的新产品更是连续三个月稳获市场占有率第一，这些事都会让他感到非常快乐。由于快乐，他能够更好地与员工相处。这一点为我们思考如何让上级快乐提供了一个有力的方向。

二、他为什么会愤怒

上级可能觉得自己受到了不公正的对待，或者是其他事情伤害了他的感情。人应当对自己或他人受到的不公平对待表示愤怒，否则就只能忍受不公正、不平等和歧视。愤怒并不一定是完全消极的负面情绪，但它会引起具有破坏性的暴力。

上级的愤怒主要包括两种：一种是有理智的愤怒，另一种是失去理智的愤怒。上级之所以会出现失去理智的愤怒，一方面是由于他们感觉自己受到了威胁和不公正的对待，另一方面则有可能是由于他们失去了应有的判断力，忽视了一些基本事实——强烈的受辱感麻痹了他们基本的判断力和逻辑思维能力，也遮住了他们的双眼。这时，他们身上的愤怒具有强大的破坏力，不仅可能口不择言，甚至出现暴力倾向。

比如，由于客户忽然提出变更合同价格，需要一个新的方案，上级要你做，并马上发给客户，结果你加班做了一夜都做不出上级想要的效果，这个时候，上级狠狠地骂了你一顿。

上级发火有两种原因，一种是你引起的，另一种与你关系不大，你只是他的出气对象而已。所以你要分析这个事情到底是否和你有关系，自然就有了对策。

三、他为什么会恐惧

如果上级出现了担心、焦虑和恐惧这类情绪，就说明发生了或者即将发生什么坏事。恐惧就像十字路口，预示着危险，提醒上级注意安全。恐惧是一种担心未来可能会发生不可测的危险的情绪，它让上级觉得不安全，但也能减少上级出错的可能，特别是在做重要事情的时候——比如在开发某种新产品之前，上级一般会要求有关人员对市场进行更细致的调研，从而减少出错的可能性。恐惧也会给上级带来不安，如果这种不安超过了一定的限度，就会让上级的精神高度紧张，甚至可能导致精神崩溃。工作中有一种情况可能会让上级担忧，就是汇报工作进度——这就是工作汇报重要性的根源。

四、他为什么会悲伤

失望、公司出现了损失、目标无法达成、经济损失、家庭变故等都会让一个人觉得悲伤。上级悲伤的时候，也是心理相对比较脆弱的时候。这个时候，他不仅不会成为员工的威胁，反而需要员工的主动支持和帮助，需要你主动去和他沟通、在心灵上与他交流。

案例智库

小王熬夜做了操作手册，领导看完之后非常满意，说小王最近进步非常大，同时也指出了报告中的很多不足。听到夸奖，小王心里非常高兴，觉得碰到了这么好的领导是自己有福气。

但是下午一上班，小王就被叫到办公室，领导开始质问他为什么在手册当中出现了标点符号排版不齐等严重问题、为什么给客户的文件会出现这种低级的错误等，而且根本不给小王任何解释的机会。

小王回到座位上，怎么也想不明白，上午领导还是“天使”，怎么下午一下子就成了“魔鬼”呢？情绪如此阴晴不定，今后该如何与他接触？

其实这就是小王不理解领导情绪变化的一种表现。领导的态度发生突然的转变，说明他的情绪已经发生了变化，而情绪变化对于任何人来讲都是再正常不过的。

后来小王了解到，领导下午情绪激动的原因是他的孩子不小心摔倒了，住进了医院，导致领导焦虑难过，情绪低落。

平时要培养这种敏锐的观察力，要知道上级什么时候开心、什么时候愤怒、哪件事情让他恐惧、什么时候悲伤，还要知道这些情绪背后的原因。这样，你就能发现领导为什么会出现情绪、态度上的反差，进而找到与他相处的正确方式。

我们做事情达到或者超过了领导的预期，他就会快乐。那么，如何达到和超越他的目标呢？

第 2 节

让上级满意的做事思维

如果不观察领导做事的目的和意义、不知道他做事的标准，那么你做的很多事情都会成为无用功。一般来说，要想让领导满意，可以按照图 6–1 所示的思路做事。

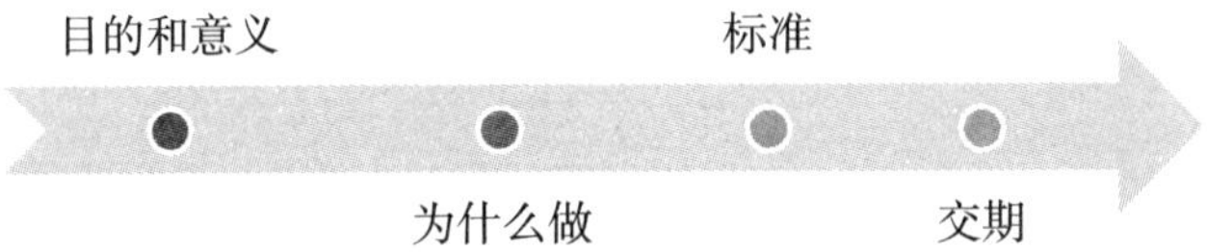

图 6–1　让上级满意的做事思维

一、目的和意义

领导给你布置工作的时候，首先要问清，彼时彼刻他要你做这件事情的目的和意义是什么，要确定他让你做事的方向。

二、为什么做

要向领导问清做这件事情的原因，加深他做这件事的决心。

三、标准

方向有了，你也要着手去做了，那么，做好的标准是什么呢？很多人在接到任务之后，就迫不及待地去做，结果做完后并不符合领导的要求。为什么？因为他们不知道领导对这件事“做好”和“做坏”的标准。

比如，领导找你解决公司绩效考核的问题，并把公司原先的绩效考核方案也提供给了你，希望你两周之内制订一份新的绩效考核方案。很多HR接到任务后会马上开始琢磨内容，然后闭门造车。

两周之后，领导看了新方案依然不满意。问题出在哪里？在于HR在开始工作的时候，没有问清做好这项工作的标准是什么。

四、交期

关于交期，最重要的就是跟领导反复确认，交期到底是什么时间。

这四条都明确了，才能开始着手工作，否则难免做得越多、错得越多。

思考一下，如何做能升职加薪呢？如果能准确地达到上级的目的和预期的话，那么升职加薪就具备了过半的可能，但这并不代表你肯定能升职加薪。

职场中有一种情况：很多人工作了好多年，依然在原来的岗位上停滞不前、原地不动；而有的人隔一段时间就会升职加薪一次。在有些人年纪轻轻就做到公司副总的时候，更多的人依旧是职场上的“老黄牛”。

问题出在哪里？

笔者之前的公司有一位同事，非常聪明，工作也非常努力，工作任务也完成得非常好，但是依然得不到加薪的机会，因为他每次找的人都不对——他不知道公司中谁能决定他升职加薪：他找的是一个副经理，也就是他部门的二把手，副经理每次都说“这些事情干得非常好、非常漂亮，下次升职加薪肯定有希望了”。副经理每次都这么承诺，但每次升职加薪都没有他，因为副经理没有让他升职加薪的决定权。

所以，要想升职加薪，需要做好以下几点。

第一，找对的那个人，可能是你的领导，也可能是你领导的领导，一定要找对人。

第二，要知道这个人对你的要求是什么，达到他心中的标准是非常重要的。

第三，达到他的标准。知道了标准之后，如果你发现有很多要求自己达不到，就要学习提升自己。

第四，达到他的标准之后，还要让他知道：你达到了他所要求的。

你要让这个人知道你达到了他的要求，如果像很多职场“老黄牛”一样闷头去干、默默地付出，那对方什么都不会知道。

比如，领导很看重一位候选人，一直期待他到公司上班，但是他迟迟没有来，而通过你的努力，一个月之内招到了他。这个时候，你就要让领导知道你做成了这件事，或者你解决了公司很多问题，等等。

平时注意记录你做的这些事。目的有二：第一，让你的上级知道；第二，为你今后的升职加薪提供有力的数据和案例支撑。要想在职场上获得升职加薪和更好的发展、获得上级的认同，就要遵守这个规则：一个人和三个标准。

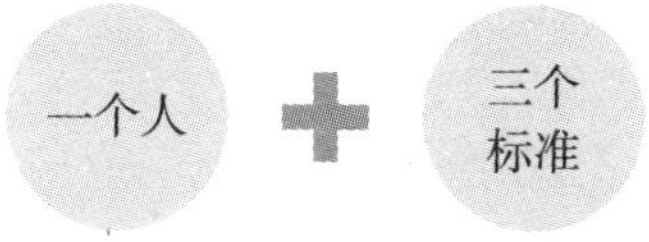

图6-2　升职加薪职场生存模式

如何找到这个标准呢？要从领导的人心、人性、需求、欲望等出发，判断他们到底想要什么。所谓人心就是情感和意愿、人性就是理智和本能、需求就是痛点和兴奋点，而欲望就是他的“死点”和“爆点”，如图6-3所示。

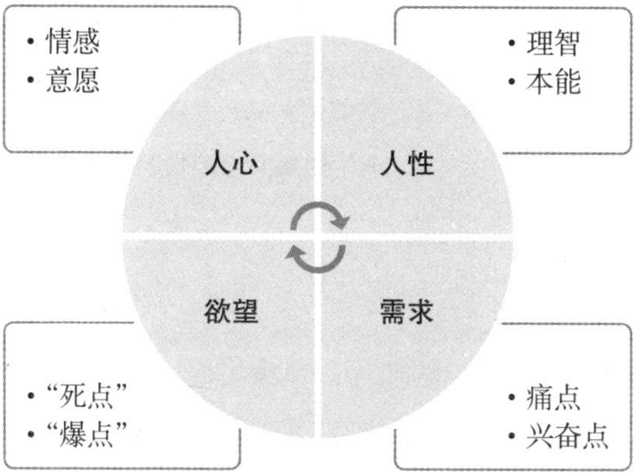

图6-3　判断领导想要什么

简单地说，就是要盘点你的领导关注什么、害怕什么、喜欢什么、反对什么、对什么事感到兴奋。

第 3 节

领导的类型

领导一般可以分为图 6–4 所示的四种。

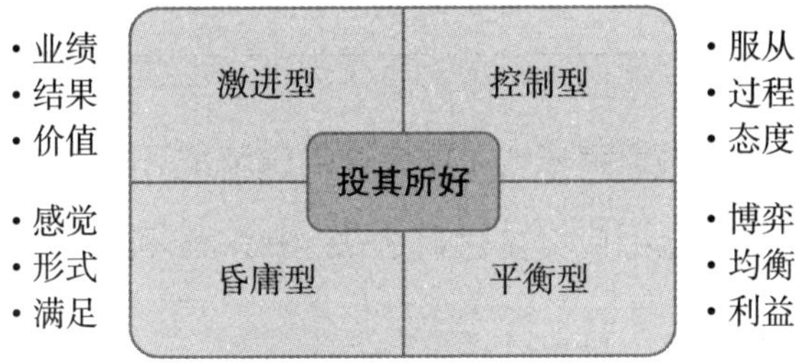

图 6–4 领导的类型

一、激进型

他们注重业绩、注重结果、注重给公司创造价值。这种上级注重结果，你不要和他谈过程，只谈交期和你可以带来的结果。

二、控制型

控制型的领导要求的是服从，他们注重过程，且要求员工态度积极地按照他的意思去执行，而不是花时间与他们讨论某件事该怎么做。他们关心的就是他们安排的事情下级必须执行，且要在过程中随时汇报，要掌握过程和进度，同时还注重很多细节。这样的领导对细节和过程非常关注，态度方面你只需要听话、照做就可以了，他们不喜欢下级有过多的想法。

面对这种领导，你的应对方式就是要把工作系统化、程序化，一切都有条不紊；工作过程中记得实时汇报和总结，让上级知道你的工作进度。

三、平衡型

这种领导综合了激进型和控制型领导的特征，有的时候要求服从，有的时候却更关注创造的结果。当他面对一件事的时候，更多的是去分析和博弈，他会综合考虑公司的利益和你的利益。

在这种领导中，偏向激进型、控制型、综合型的都有，要观察你的领导属于哪种类型。如果领导属于平衡型偏向激进型，那么你做事就要更加关注结果、业绩和任务交期；如果你发现你的领导是平衡型偏向控制型，那么你就要听话、服从，而不要过多反抗。

他提出一件事之后，你马上就要想解决办法是什么，而不要跟他说这件事情完不成、做不到等，也不要分析他为什么要做这件事情，你只要照做就可以了。

四、昏庸型

这种领导重视形式，凭感觉做事的更多。

分析了领导的情绪变化、思维模式，知道了领导要什么、喜欢什么、害怕什么等，之后再分析出上级的性格和类型，才能找到对应的解决方案。

第 4 节

向上沟通的两种主要形式

一、汇报工作

一般在职场工作的人都会看重两件事：第一，领导是否信任自己；第二，下属是否尊重自己。

领导判断下属是否尊重他的一个很重要的因素，就是下属是否向他汇报工作。心胸宽广的领导也许不会很计较，但是心胸狭窄的领导如果遇到不主动汇报的下属，就会各种猜测：这个人是不是看不起我？是不是不买我的账？这些人是不是要联合起来架空我？！当你的领导认定了某种猜测之后，就会用手中的权力来“保卫”自己的尊严，从而做出很多对你不利的事。

比如，领导交代了一项工作，你从早晨一直干到晚上 10 点，还没弄好，第二天晚上终于完成了。第三天交给领导的时候，他却非常生气：就这么一个东西，你搞了这么久！这个时候，你心里非常不好受，心想自己这么辛苦地玩命干，却还是得不到认可。

其实这些事情都是可以避免的。这件事无论是做完还是在进行当中，你都要及时地向领导汇报，否则就容易引起误解和分歧。

什么时候必须要汇报工作？工作完成的时候，要马上汇报；工作进行到某些重要节点的时候，要汇报；预测工作无法如期完成的时候，也要汇报。随时汇报工作进度，目的是让领导安心。

前面提到过，领导感到恐惧的一个原因就是未知事件带来的不安。当他布置工作给你，你却迟迟不向他汇报进度的时候，他就会感到不安。当一个人觉得不安的时候，就会产生一系列联想，此时他的心里是乱的。如果你经常让上级感到不安，那么你在职场上的晋升应该也不会很顺利。

从心理学的角度讲，只有对工作进行随时掌控，领导才会觉得有安全感，即使出现了问题和偏差，他也希望第一时间知道、第一时间解决。但如果他不知道问题，未知的风险就将大大刺激他，并引起一些危机感，也就是说，你的不汇报会破坏领导的安全感。当领导认为你“不安全”的时候——让他产生不安全感的时候，他就会指责你，同时对你产生不信任。

如果领导越来越不信任你，那么你在他手下的职场之路就基本已经到头了。所以你要清楚地知道，当领导问你工作的时候，他未必是真的想知道你工作的一些细节，但是如果是你“逼着”领导主动问你，就必然会问到一些工作细节，一旦哪个细节你回答不上来，领导肯定会发火。你应该知道，当领导发火的时候，你的情绪也不会好。所以，为了让双方的情绪都稳定，让自己的职场之路更好走，要学会及时汇报工作，省去诸多不必要的麻烦和冲突。

所以和领导沟通的时候不要怕，领导布置工作的时候，如果他没有说清交期，你就要问清交期；如果他没有说清标准，你就要问清标准。

二、请示工作

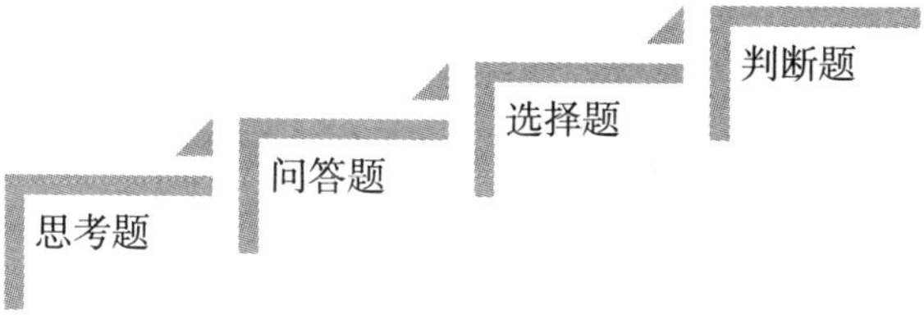

图6–5　向上沟通的四道题

第一道题，思考题。当领导给你布置工作、给了你交期，但在交期临近你依然没有跟他反馈和汇报工作的时候，领导就会想：这件事情他做了吗？他遇到什么问题了吗？他为什么做了却没有汇报？是遇到什么问题了，还是他没有做？

前面提到，大脑是不喜欢思考的，它喜欢在不思考的情况下作出决定。如果你总是要领导动脑筋分析你，结果肯定是领导对你的信任度下降，如果信任度持续下降，你在他面前的处境可能会越来越不好。

第二道题，问答题。领导给你布置好了工作并告诉了你交期，但是你迟迟没有跟他汇报工作，于是他主动去问你了。在他问你的过程中，你说遇见了几个问题，但交期马上就要到了。如果因为你的拖延，没有及时汇报，导致这件事因时间来不及而无法完成，那他一定对你非常有情绪，甚至可能会发火。

第三道题，选择题。很多人在请示工作的时候会出现一个问题，就是询问领导某件事情怎么办、花多少钱，把问题抛给了领导，而自己没有思考。

要学会让领导做选择题。比如，公司要对 20 名中层干部进行培训，需要寻找培训场地，你就可以这样汇报。

第一个场地比较豪华，可以容纳 20 人培训，场地设施很齐全，离公司很近、很方便，费用大概是每天 1 万元。

第二个场地离公司稍远一点，办公设施和环境也比较好，场地宽敞，能安排 20 人的培训，费用大概是每天 8000 元。

第三个场地离公司稍远一点，在郊区，环境一般，空间也足够容纳 20 人，价格是每天 6500 元。

当你问领导选哪一种时，他就会依据公司的预算和目前的情况，选择其中一种。

第四道题，判断题。还要学会让上级做判断题。

继续使用上面的案例，你可以向领导汇报：依据公司目前的总体情况和资金要求，我建议选择第二种，价格适中。

这时，领导即使没有选择你选中的方案，也会认为你有逻辑、愿意解决问题、愿意主动思考。

在职场中，要想跟领导相处好，最重要的一条就是让上级不必动脑筋，也不必思考。如果你做事情可以永远让上级不思考或者少思考的话，就说明你做的事让他非常满意，这时再谈升职加薪，就会容易得多。

如果你事情没有做好，还整天让领导思考，那么你谈升职加薪成功的概率就相对较低。如果你不懂原理，非得在领导情绪不好的时候，比如订单丢失的时候谈升职加薪，你觉得会有好的结果吗？

感知情绪变化、分析情绪变化和应对情绪变化是一套系统的逻辑，不要把它们割裂开来，情商提升三部曲——感知情绪、分析情绪、应对情绪也是应用于职场中的方方面面的，任何一个环节出问题，都会产生一系列的连锁反应。

如果能提前感知到领导心情不好，很多事情就不要去做。有时你会发现，领导一进门就叹气、坐在办公室抽烟，这时你就不要汇报任何工作。这就是提前感知。

当你汇报或请示工作时，如果发现他一边指着你汇报的方案一边不停地看表，就要知道这是在告诉你要快一点、说重点。可是很多人看不懂，汇报的时候没有重点、拖拖拉拉，被领导批评了一顿，还不知道是怎么回事。

所以，情商的提升需要训练，需要长时间的观察、琢磨和分析。

综上所述，要做好与上级沟通时的自我情商管理，需要注意以下几点。

1. 在职场上，要找到和领导融洽相处的有效方法，就要分析领导快乐、愤怒、悲伤、恐惧的情绪模式。

2. 让领导对你满意并升职加薪的有效模式：找到决定你“生死”的人，找到令他满意的标准。达到这个标准并让他知道你达到了标准。按照以终为始的原则工作。

3. 盘点并确定你的领导是激进型、控制型、平衡型还是昏庸型，进而确定和他的沟通模式。

第七章

与下级沟通时，如何进行自我情商管理

作为管理者，管理经验容易固化，和情绪一样，也是本能，也是由习惯和长时间的行为导致的。所以管理者要通过学习先进的管理手段和理念，让自己和团队都变得更好。本章将主要讲解与下级沟通时的自我情商管理。

管理者的核心职能是带领团队百分之百地完成工作目标。成为管理者之后，很多工作不应由你一人完成，而要充分调动、发挥团队的积极性来完成。但在很多情况下，许多管理者认识不到这一点，总觉得某件事自己做起来很容易，下属干得慢，还不如自己做。

还会自以为是地想：这么简单的一件事都做不好，做份文件也不会，招聘的人也迟迟不到位；很简单的一件事，打几个电话邀约人这么费劲吗？是不是你不用心？于是开始对下属进行无端的指责和批评。

很多管理者有这样一个误区：我有权对下属进行管理，干不好就罚，再有意见就换。

很多管理者，尤其是中层管理者整天忙得不亦乐乎，但是团队工作效率非常低——可能本来有三个下属，被他骂跑了一个，其他两个一看领导是这样的人，也开始消极怠工，最后所有活儿都得他自己干。

第 1 节

管理冰山模型

作为管理者，要知道自己的职责和角色分别是什么。先来熟悉一下管理冰山模型，这个模型，每个管理者都要熟悉。

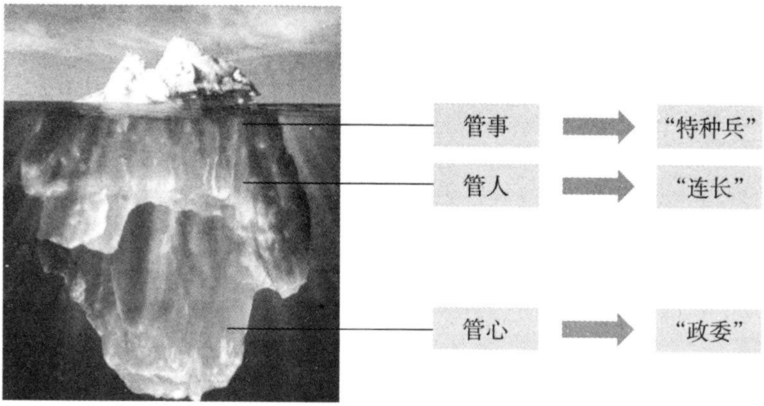

图 7–1　管理冰山模型

回忆一下，你是如何一步步做到管理者的？做员工的时候你可能非常积极、非常努力，让领导满意、放心，于是被提拔上来。管理者大部分是业务骨干，是从本模块的业务精英中提拔上来的，业务能力特别强。

而当你成为一名管理者后，你的任务就变成了你带着团队去完成任务。这个时候，你的职责之一就是提升下属的业绩，因为如果他的能力“不行”，你部门的业绩也就自然而然会出现问题。

从冰山模型可以看出，当你成为一名管理者，你首先要管事，即把部门的事做好、把下属的事安排好。

在电视剧《亮剑》中，李云龙作为独立团团长，主要职责是按照八路军的要求打败日军、抢回被占领的土地，同时训练部队的作战能力、负责军工厂的武器加工等，也就是说，他负责对部队的作战能力进行统一的培养。

电视剧中还有个人叫赵刚，是李云龙所在部队的政委，负责管理整个部队的作风和意识形态问题，也就是说对团队进行精神上的管理。

当你成为一名管理者之后，更多的时候，你的团队里可能没有“赵刚”。“李云龙”和“赵刚”的职责全部由你承担，也就是说，你要带领下属完成任务——执行公司的决定、完成公司的业绩；同时要管理下属的“心”，调动他们的积极性，对他们进行激励、批评、教育、指导等。

管理者有两个职能，一个是管事，另一个是管心。带团队就是带状态、带作风、带士气，同时带着团队去“打仗”。很多管理者认为：我只要把部门的业绩提升上去就可以了，这是错误的认识，这种认识忽略了对员工心态、对下属情绪的管理。

比如，你手下有一名招聘专员，平时工作非常努力，从不迟到。但是有一次你发现她迟到了三分钟，于是不分青红皂白地批评她：你怎么回事，又迟到了？不能早点起来吗？你看看你现在工作成什么样子了？我要的候选人哪儿去了？你这个状态肯定不行，回去反思一下，赶紧想办法把我要的候选人找来，要不别干了。

思考一下，这个时候如果你是这位招聘专员，你的情绪会不会受到影响？你的工作效率会不会降低？你的行为、态度会不会发生变化？这个时候给候选人打电话，语气、语音、语调会不会不自然？介绍公司的时候会不会比平时差？思考一下就知道，招聘专员的工作状态肯定不如以前，今天的招聘工作一定会大打折扣，有可能导致一些候选人不来你们公司面试。如果候选人没有来、招聘任务没有完成，请问这个责任是由作为上级的你来承担，还是把责任推给下属？

第 2 节

角色定位的三个层次

一般来说，管理者有三个管理层次和工作方向，如图 7–2 所示。

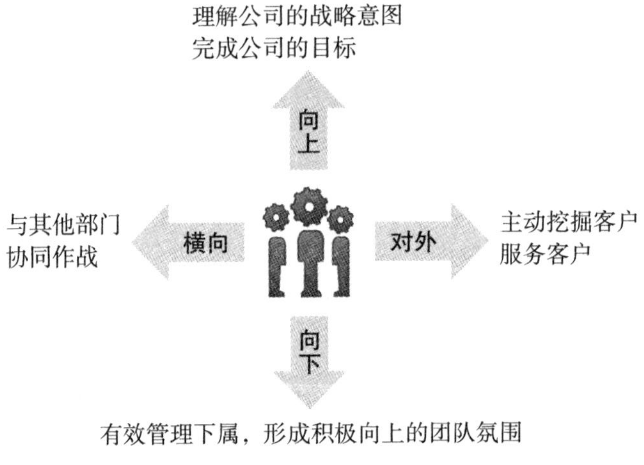

图7–2　管理者的三个管理层次及工作方向

向上，要理解公司的战略：充分理解公司的战略意图，通过向下传达、执行，带领团队一起完成公司的目标，这是上传下达。

横向，要和其他部门协同作战，这是跨部门沟通，同时还要对外主动发掘客户、服务客户，以达成业绩。

向下，要有效管理下属，形成积极向上的团队氛围。

对外，要主动挖掘客户、服务客户。

第 3 节

领导与下属的关系

领导和下属之间的关系究竟是怎样的？图 7–3 简单明了地展示了这一关系。

图7–3　领导与下属的关系

作为领导，你决定了下属业绩的多少、发展的高低甚至成就的高低，这是毋庸置疑的，因为一个员工如果想要发展，就必须得到领导的支持，只有这样，才能获得更多机会。当他的业绩获得你的认可之后，你才会晋升或者提拔他。他一次又一次完成任务，你对他越来越信任，他获得了能力的提升，也获得了升迁。一个领导决定着下属成就的高低，但在很多情况下，如果下属跟领导的关系不好，领导就不会给他安排其他工作，他的能力也自然无法得到提升，这就是领导对下属的影响之一。

那么，下属对领导有多大影响呢？下属在一定程度上决定着领导的业绩。在带队的过程中，不应由你一个人完成所有的工作，而应将工作交给下属完成。一个得力的下属可以让你轻松完成业绩，你对他的管理本身也会非常轻松；而如果你有三个下属，却都业绩平平，那么最后的业绩指标一定是由你来背、由你完成的。

更重要的是，下属决定了领导有多辛苦。培养一名好的下属，可以让管理者轻松很多。如果下属什么都不会做、什么事情都需要由你完成，请问你还有时间吗？如果你还缺乏时间管理能力、不会培养下属，那就会越来越辛苦。

下属有时还会给领导带来危机。笔者之前所在的公司有一个销售助理，她的领导是销售总监，但老板经常越过她的领导给她布置工作，做错事情，老板也经常批评她。后来她做了这样一件事：当时有一份合同几乎已经确定，规定了货品的单价和运费，她在做合同的时候悄悄把运费价格下调了 50 元。几个月以后财务结账的时候发现价格过低，一查原来是销售助理私自修改了合同价格。她离职之后有人问她为什么这样做，她说：我就是记恨他、非常恨他，为什么他总是批评我，而且还总是因为一些琐事，搞得我每次都非常不开心。

有的时候，下属真的会给领导造成很大的危机，须知下属出问题，领导是要承担连带责任的。

因此，对下属进行有效的情绪管理是非常必要的。

第 4 节

分析下属的情绪模式

分析下属的情绪模式与之前分析领导情绪的方法一样，而沟通的核心要素是先处理情绪，后处理事情，要分析下属心情的变化、情绪的变化。

一、他为什么会快乐

下属会快乐，一定是他在职场中升职了、加薪了，或者一件困难的事完成了、一直不配合的人终于被他说服了等。这种情绪往往跟目标和个人利益有关。

二、他为什么会愤怒

下属会愤怒，一定是受到了不公平的对待，这让他觉得不开心；受到了抨击和指责也会让他感到愤怒。

三、他为什么会悲伤

下属会悲伤，可能是某件事被领导误会了，或者某件事本来可以做好，但是出了问题，被扣了绩效，某件事出了他没想到的问题，或者是家里出了事，等等。

四、他为什么会恐惧

下属什么时候会恐惧呢？可能很多人会说是在要被辞退的时候：怕离开某个公司、怕失去五险一金、怕被周围的人指责，等等。

要观察下属平时的情绪变化和心理变化，这样才能有的放矢地、有针对性地从人心、人性、需求、欲望的角度，对下级进行全面的分析。但是很多领导不这样，事事“一刀切”，完全按照自己的思维做事，结果导致“你说你的，他做他的”。

下属为什么会听你的、为什么会接受你的批评和指责？一定是因为他认同了你这个人。

如果下属自身都没有意识到某件事是错误的，那么你的批评和那些难听的话就只能加速他情绪的爆发，他就会反抗、抵触你。很多领导在和下属沟通的时候经常忽略这一点，事后不理解：我批评他是为了他好，他怎么就不明白？其实，在你批评他的那一刻，他的心是关闭的，你说什么他都听不进去。下属犯错的时候，他的内心是忐忑的，对他发火时你的情绪也是不好的，你的情绪受影响，下属的情绪也会受影响，于是你们这次的沟通就是无效的，你对他的这次批评也是无效的。因为一个人在有情绪的时候是不讲道理的，彼时彼刻他只有一个判断：我认为我是对的，你说什么都是错的。

第5节

心灵互动五部曲

下属情绪不好的时候，管理者应该如何调控他的情绪、如何与他沟通、达成一致的目标呢？

1.需要你接受他
（代表动作：聆听）

2.需要你认同他
（代表动作：点头、微笑、 肯定）

3.需要你尊重他
（代表动作：记住他的名字、呼唤他的名字）

4.需要你感激他
（代表动作： 温暖、靠近、信任、感谢 ）

5.需要你赏识他

图7-4 心灵互动五部曲

一、下属需要你接受他

想象一下这样的场景——你的孩子有一天放学回来的时候跟你

说：爸爸、妈妈，今天我被老师表扬了。这时你会对他说什么？相信绝大部分家长都会说这样一句话：你太棒了；或者说：你不要骄傲，你虽然被表扬了，也要向别人学习。这是很多家长普遍、真实的反应，但其实你的孩子这时最希望的就是，你能够问一问他为什么被表扬了。

每个人都有诉说的愿望，在团队当中也是一样的。比如，新来了一个员工，他工作不到两个礼拜就给你招聘了一位很优秀的人才，那么这个时候他的内心其实是需要你对他进行认可的。但是我们往往会说：继续努力，干得不错等，这是因为管理者的标准和员工的标准是不一样的。同样一件事，也许管理者认为很简单，但对员工而言往往是非常困难的，所以当他把这件事做好的时候，就认为是值得炫耀和自豪的，而你却认为没什么大不了，这是因为你的高度比他高。所以，作为管理者，在和下属进行沟通的时候要注意一点，就是要和下属站在同一个高度，你要从管理者的高度下降到和下属同样的高度。

这就是经常讲的换位思考。比如，你带小朋友逛街，成人看到的是琳琅满目的商品，而孩子看到的却是大人们行走的步伐。因为角度不一样，当你在跟员工进行情绪上沟通的时候、当员工情绪不佳的时候，你要给员工宣泄的时间和空间。

很多学员曾和笔者说：如果我的领导能坐下来听我讲10分钟的话，该是一件多么美好的事情。这就是管理者在心灵上跟员工没有达到一致的沟通，也就是说没有同频，而不能同频就不能同流，不能同流就不能交流，就导致了“你说你的，他做他的”。所以，对下属进行情绪管理的第一种方式就是接受他、聆听他，要接受不完美的他，并享受这个过程。

二、下属需要你认同他

你可能会发现，有的时候下属情绪不好，越跟他说越说不到点子上。这是为什么呢？因为他听不进去是不是？当员工向你宣泄的时候，你要对他反馈的一些问题进行回应，比如你可以点点头，这样我们才能和下属有互动，才能和下属沟通交流。

在这里要记住两个关键词，一个叫作接受，另一个叫作认同。“95 后”“00 后”都已步入职场，未来还会有“05 后”“10 后”，他们追求的一个关键的东西是什么呢？就是团队中的认同感和安全感。只有领导和下属之间有认同、有互动，团队才能走得更远。

三、下属需要你尊重他

下属还需要你尊重他，代表动作就是记住他的名字。生活当中出于礼貌，经常会说一些词，比如“谢谢”等。但有时你会发现，就是说谢谢“您”和谢谢“你”的时候，对方的感受也是不一样的。

下属需要你认同他们、尊重他们。在你的尊重中他们可以找到更多的安全感、幸福感，还有成就感。笔者在培训时问过学员：你们有没有给下属过过生日？有的说有，有的说没有；你们记没记住过下属的生日？有的说写在了本上、电脑上；你们知不知道下属是什么性格、有什么样的爱好呢？他们喜欢什么、害怕什么、追求什么、目前最关注什么？结果一问三不知。

作为管理者，下属跟随你的一个核心原因就是你的个人魅力，这种魅力令他愿意一直追随你。一个领导什么时候最有魅力？就是当员工离开你的时候，到哪儿去他都是一名优秀的员工，到哪儿去他都会想着他的一身本事是你教给他的。员工在企业最大的收获不是挣了多少工资，而是他的领导教给他多少让他终身受益的东西。他走到哪里都会感激你，这个时候，你就成功了。

四、下属需要你感激他

下属也需要你感激他。这个世界上，理所当然的事情越来越少，值得感恩的事情越来越多。团队也是一样的，你要感谢你团队的每一位伙伴，因为不管是在企业的初创期还是成长期，他今天依然愿意跟你在一起。这就非常值得我们感恩，值得你为他点一个赞，也值得你包容他情绪上那一点小小的变化、包容他情感上的一些变化、包容他心里对某些事的一些感受。

真正的温暖来源于一些适时的靠近和拥抱。例如，你发现某位员工情绪非常低落，他盯了一个月的候选人突然到了别的公司，他没有任何办法了。这个时候，很多领导的做法就是指责他：你怎么这么差劲？这么不小心？再跟一步，不就拿下了吗？最近你工作不积极，怎么回事？有的领导开始给员工贴标签、开始指责，有的则开始提出问题、寻找办法解决问题。但这个时候他是听不进去的，因为他的情绪已经很低落了，他充满内疚、自责和恐惧，你跟他说的所有的语言都是苍白无力的，一个拥抱却胜过千言万语。职场中人，一般都不乏解决问题的办法，有时只是需要一些平复的时间，而此时此刻他只需要一份温暖。拥抱可以代表很多，也包括你对他的认同和接受，还有肯定。

五、下属需要你赏识他

下属更需要你赏识他。这种赏识源于哪里？源于欣赏和认可，源于他和你在一起的时候觉得很舒服，因此愿意接受更高目标的挑战。对下属的要求严格也好，给下属一个严格的标准和制度也好，今时今日，一个能够在公司中得到贯彻的制度一定是被普通员工认可和接受的，他们愿意在这个团队中和你一起成长和进步。

作为管理者，要从自身的需求和公司的需求，还有员工的需求出发，在恰当的时候给员工一个鼓励，如果你能打开员工的心，你就会发现，很多员工干到半夜都不觉得累，而且还不会要一分钱的加班费，因为他认为：我有一个好领导，我在这里得到了一些成长。如果没有这样的认知，而在你的强压下加班，那么你让他加一个小时班，他都会问你有没有加班费、加班费给多少，而这也是人之常情，再正常不过。

综上所述，要做好对下的情商管理，需要注意以下几点。

1. 理解管理冰山模型，明确作为管理者的角色定位：管事、管人、管心。

2. 管理者的核心工作方向是：理解公司的战略并支持公司的工作、主动挖掘和服务客户、有效管理下属，同时与其他团队互相配合、协同作战。

3. 分析下属快乐、愤怒、悲伤、恐惧的情绪是管理好团队的有效方法。

4. 通过心灵互动五部曲，实现对下属的情绪进行有效管理，快速和下属达到同频。

第八章

与同级沟通时，如何进行自我情商管理

职场中，与同级的沟通和情商管理是最能体现水平的。为什么这么说呢？你的领导为了完成他的目标，会把一些工作分配给你去做，他会指导你、支持你、培养你，由于你们是为了同一个目标奋斗，所以即使你犯了一些错误，领导也会包容你、鼓励你。

同样，你对下属也有教导的义务，会安排工作给他，如果他犯了一些错误，你也会对他进行批评、指导，因为你要通过下属完成目标。

但是跟同级部门沟通就不同了。在职场中，同级可以分为两类，第一类是本部门同一级别的同事，第二类是同一级别其他部门的同事。在职场中，与第二类同事沟通起来是比较困难的。

以跨部门间沟通为例，每个部门的工作目标、职责和对员工的能力要求都不一样。比如，有一个项目需要你和财务部、采购部、物流部、销售部配合，虽然各部门之间的关系是协同作战，但有的时候你认为一件事情对于你们部门来讲非常紧急和重要，但对于其他部门来讲却不是很重要，于是可能在你需要其他部门协助的时候，你认为紧急、重要的事情却被其他部门当作不紧急、不重要的事情处理。由于两个部门的利益和考核指标都不一样，于是在沟通过程中就会出现非常大的问题，甚至引发部门之间的剧烈冲突。

隶属于不同部门的同级员工，很多时候谁也管不了谁。那么在这种情况下，如何对同级进行高效的情商管理、进行有效的沟通？各部门之间的关系是协同作战，有些时候各部门之间还会出现“真空地带”，就是指这件事谁做谁负责。因此，各部门之间的沟通、合作、情商管理都是非常重要的。如果这时候领导因为结果不理想批评你，你就会觉得很委屈，因为这件事情本来没人管、没人做，你主动管了、做了，却“背了锅”，有一种“不做不错、多做多错”的感觉，很多人会就此变得消极怠工，成为所谓的“佛系员工”。

这就要求你在同级沟通中提升情商，学会做人、做事，学会和谐、高效地办事。这与同级部门沟通的难度与对人情世故的把握程度有关，相对于与上级或下级沟通来说，要高一个“段位”。为了更好地理解同级之间的情商管理，我们先看一个案例，分析在跨部门沟通的过程中到底出现了哪些问题，再去分析这些问题出现的原因，进而提出改进对策。

案例智库

某家公司年初确定的年销售目标为 8 千万元。时间过半，已到了 6 月，正常情况下应该至少完成 4 千万元，但实际上只完成了 2 千万元。于是总经理紧急召开中高层会议，讨论销售业绩如此糟糕的原因。

这时谁的压力最大？答案是销售部经理。销售部经理没等领导发话便起身发言：“各位，我们今天探讨销售业绩。我们的销售业绩为什么这么差？是因为我们公司的产品无论在性能还是稳定性上都不如竞争对手，就这种产品我们能卖出 2 千万元已经不错了。”

于是这个“锅”就被“甩”到了研发部，研发部经理一听就气不打一处来，心想：好小子，每次出事都找我的碴儿，看我不找机会好好地收拾你！但研发部经理表面上并不发作，站起来说：“销售部经理说得有道理，但是我要让大家清楚一点，我们的产品为什么不如竞争对手呢？这是因为我们上半年的研发设计预算本来是 15 万元，结果被削减到了 10 万元，砍掉了 1/3 的经费，就这点经费，能做出这样的产品已经不错了！”

于是“锅”又被“甩”给了财务部，财务部经理压根儿没想到今天还有他发言的机会，原以为自己只是个旁观者而已，但财务部经理久经历练，可是“老江湖”了。只见他从容不迫地站起来说：“我们为什么要削减研发的预算呢？是因为今年上半年公司的采购成本上升。为了保证公司的稳健运营，财务部不仅削减了研发部的预算，还同比削减了其他部门的预算。我可是一颗公心，为了公司呀！”

“锅”瞬间被“甩”给了采购部，这时，采购部经理站起来说：“大家说的我都听见了！采购这个事我最有发言权。上半年的采购成本为什么大幅上升？是因为俄罗斯一个生产铬矿的矿山爆炸了，导致整个行业的原料采购成本都大幅上升。”

发言至此，总经理得出一个结论：今年上半年的销售业绩之所以如此糟糕，都是因为那座该死的俄罗斯矿山！它爆炸了！

这就是一次没有结果的销售会议。大家能想象到它的结果吗？总经理陷入了苦恼和沉思中：各个部门都说自己没问题，到底谁有问题？

公司中是不是也经常出现类似问题：一件事情大家一起配合做，开始的时候都挺好，一段时间之后发现结果令人不满意，但在被问责的时候谁都说跟自己没有关系、不是自己的问题。这个时候我们就要分析原因到底在哪里，为什么跨部门合作会出现这么大的问题？是什么阻碍了部门之间的沟通协作？公司跨部门同级之间的问题该如何解决？这些跨部门间的不配合和互相“甩锅”的原因到底是什么？

第 1 节

同级沟通障碍原因分析

一般来说，同级之间沟通困难的原因主要可以归结为以下两个方面，如图 8-1 所示。

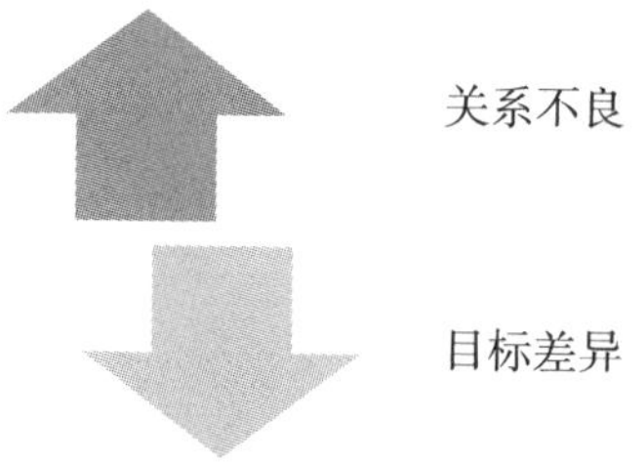

图 8-1　同级沟通障碍原因

不同岗位的思维价值认知模型不同，考核指标也不一样，采购部门关注成本，销售部门考核业绩，财务部门则是严谨、遵守规定。

正因为每个部门每个岗位的绩效考核指标不同，因此在平级间沟通和协调的时候，每个人的目标都是有差异的，你认为某件事情很重要，但对于他人来讲也许并不重要，于是他人觉得没有必要完成你的目标，导致了横向配合时出现很多问题。

不良关系是如何产生的？不良关系中的主体一个是自己，另一个是对方。

自己方面，可能是因为你的做事风格和其他人不一样。假如你做事高调，为人也比较活泼开朗，而对方可能不喜欢这样的性格，你虽然是无心的，但是其他人却可能认为你是在故意抬高自己，因此不愿意跟你接触。

还有一类人，能力非常强，经常受到公司和领导的表扬，这样的人也会让对方感到威胁。假如你们部门有四个员工、一个部门负责人，四个员工中你能力比较强，升职加薪肯定是你优先，那么其他三个员工就可能非常“不爽”。人性就是存在竞争和嫉妒，你优秀时，其他人就会觉得难受，这就是有的时候为什么在一个部门里，特别优秀的人会经常被孤立——因为你让别人感到了威胁。

案例智库

笔者公司之前有一个讲师非常嚣张，她觉得自己两个月不到就从一名主持人转变成一名讲师，声音特别好听，长得也漂亮。她被很多其他分公司的领导看重，总被邀去讲课。于是她觉得自己很厉害，谁也不放在眼里。当其他讲师向她投来祝贺的目光时，她不屑一顾，以至于帮她的那些老师都比较寒心。

当时公司的讲师们都觉得她太不懂事了，于是当她再被邀请讲课、向别人请教课程设计怎么做的时候，其他讲师都不再帮这个女孩，结果可想而知。毕竟她的资历很浅，而讲课是要靠阅历和内容还有逻辑的，光靠一两门课程打动不了所有学员，但她不懂，后果自然无法避免。

这其实是这个女孩本身的问题，她念书比较少，从服务员做起，做到领班经理，后来做讲师助理，再到公司做了主持人。这个女孩特别上进和要强，为了一件事可以一宿不睡、不惜一切代价找人指导。而当她取得一些成绩的时候，却忽视了别人对她的帮助，反而为了获得更多讲课的机会推销自己，因此让很多人觉得她是在炫耀，甚至是在“踩”着别人“上位”。

她后来不但被同部门的同事孤立，就连其他部门的同事也不齿于她的为人，报销都比别人难一些。

而这一切的根源就是这个女孩在同级之间的低情商，她过分注重与领导沟通，自认为与大领导相处好就是成功，而忽视了与同级同事、同级部门之间的沟通协作。

综上可以看出，同级之间的高效沟通至关重要，不能轻视，切不可只注重承上和御下的纵向沟通，而忽略了同级、跨部门的横向沟通。“合纵连横”缺一不可，上下纵横方可笑傲职场。

职场中，当其他部门向你求助的时候，如果你拒绝了人家，或者话说得不好听，让别人觉得你是故意不合作，别的同事就会想：我不跟你接触还不行吗？但在公司，各部门之间的沟通合作是经常发生的，一旦让人觉得你不好接触，你再寻求别人的帮助就困难了。

再看一下对方的原因，自己和对方的做事风格、最终目标可能都不一样，这就导致在沟通很多事情的时候难免出现一些偏差，甚至可能失之毫厘，谬以千里。其实在跟同级部门沟通的时候，更多的问题是一些误会，就是你本来没有想这样做，但是你传递出来的信号却让对方觉得你想这样做，且对方觉得你想要的很有可能触犯了他的利益，或者觉得你对他无礼、不尊重等。于是你们之间的沟通就开始出现障碍，以至于在以后的合作中出现各种不快，甚至互相“甩锅”“拆台”。

要想跟同级搞好关系，就要对他有一个正确的认知。

比如，你去向其他同事要考勤表，但对方可能因为真的很忙，或者是忘记了，没有及时给你，因此耽误了你一些时间，于是你就觉得这个人是故意和你作对。为什么故意和你作对？于是你联想到之前有一件事你没有配合他，你们之间发生了一些口角，那么这次自然是他故意和你作对；你还认为，如果发不出工资就是他的问题，因为“我要了他没给我”。你们的矛盾加深，越发难以合作。

所以跟其他部门或同事沟通的时候，在心态上不要事先否定对方，要把他当作并肩作战的同伴，理解他的某些做法和行为一定事出有因。要学会去分析和感知，而不是用自己的思维看待别人的行为。

同时，很多事情要“以终为始”地分析。如果你跟其他部门沟通的时候并没有说出准确的截止时间，别人就会认为这件事情并不是很重要，也并不着急，当有其他重要、紧急的事情需要处理时，你的事自然就被延后了。

误会产生的根源在于不同的人对同一件事的不同认知，在处理同一件事时的方式方法也不同，需要高情商去解决沟通中可能产生的误会。

同级间沟通的时候，要先在情绪上控制好自己，再去谈内容，同时要明确沟通的目的。有时你的话题被别人给带偏了，你自己还不知道；还有的时候，你原来是打算跟人家谈合作，结果聊着聊着居然吵架了。这都是既没有明确的目的，又不控制情绪的沟通，这种沟通毫无意义，不能解决任何问题。

第 2 节

以终为始

分析完原因之后，如何解决问题？要“以终为始”。“以终为始”，就是要知道自己做事的目的、意义和方向，在与同级沟通时也要秉承这个原则。

在工作中你给自己定了一个目标，只要做好计划、交期和分解执行就可以了，有问题再纠偏。但在与同级或其他部门沟通时，定一个好的目标就比较难了，为什么呢？先来看一个好的目标的标准是什么。

一、清晰表达，精确到位

这即是说首先要让对方听明白，你要说“人话”，让对方听得懂。

案例智库

笔者曾经就职的一家公司产品比较复杂，涉及图纸运算，老板有时会要求销售部门的负责人同技术部门一起拜访客户，进行 PPT

展示。但技术部门讲解PPT的时候并不会讲解产品的核心卖点和价值，而是讲图纸上比较专业的术语代码。于是客户跟老板说："你们讲得太专业了，我听不懂。"

销售部门同技术部门沟通时，技术部门不乐意了："陪你们销售部门谈单，我们又没提成拿，是做白工，结果你们还觉得我们说话有问题，那下次我们不去好了，你们自己去吧。"

于是问题和矛盾就出现了：技术部门认为自己讲得很明白，公司产品的每一个工作原理都讲得很清楚，同时也显得公司的产品技术含量很高。至于为什么反而卖不出产品，那是销售部门的问题。

但事实是，技术部门没有明确受众就安排讲解，设定了一个错误的目标，最直接的结果就是受众听不懂讲解人员说的话。

同理，跟其他部门沟通、协调的时候，你也要知道你说的话对方是否能听明白，只有对方听明白你的意思，你们才能进行下一步沟通。

二、陈述事实，推理目标

其次要让对方认可、接受。职场中都是成年人，成年人都不喜欢被人说教，对别人告诉他某件事该如何做感到反感，会认为自己不被尊重、认为自己被轻视了。

那么，职场的成年人喜欢什么？他喜欢你告诉他这件事是什么、逻辑是什么、为什么这么做：帮他分析原因，让他自己推理如何去做。这样，对方在你的指点、引导下自己想出了办法，他自然愿意去做，也很有成就感。这样的效果比单纯地告诉他如何做要好得多，而且你一旦告诉他某件事如何做，他如果没做好，就会说是你教他这么做的，“责任不在他”。

三、做事情要先思考，有效达成

最后要思考双方目标的交集在哪里。

你有你部门的指标，我有我部门的考核，你有你的职责，我也有我的责任，同一个时间、同一件事情，可能对我来讲是不重要的，但对你来讲就是非常重要的，然而如果没有我的配合，你是完成不了你的任务的。所以做事前一定要思考一下两个部门的交集在哪里，为接下来的协作寻找一个良好的突破口，在实现对方目标的同时，顺带把你的目标也实现了。

下面通过案例理解一下如何把别人的目标变成自己的目标，在帮助他完成目标的同时实现自己的目标。

案例智库

2014年浙江卫视《中国好声音》第三季的比赛中有一位选手叫帕尔哈提。他在盲选的时候唱了一首《你怎么舍得我难过》，当时有三个人为他转了身：杨坤、那英、汪峰，他们都想将帕尔哈提纳入麾下、纳入自己的战队。

看一下三位老师是如何说的。

杨坤说：“帕尔哈提，你不来我这里我会难过的。你怎么舍得我难过呢？”可以想象一下，帕尔哈提和杨坤是第一次见面，和导师之间没有任何信任关系——你难不难过和我有什么关系呢？思考一下，杨坤是站在对方的角度考虑问题，还是站在自己的角度考虑问题呢？

那英是这样说的：“你到我的战队里来吧，你到我战队来之后，你的声音会天天感动我的。”

汪峰说：“当你唱的时候，我一直在听你动听的歌声。这个时候我一直在想，如何让你和你的维吾尔族同胞们，都能够听到如此动听的歌声。我还想让全国的人民，全国各民族的同胞都知道中国有这么好的声音，到我的战队里来，我会让他们都听到你的好声音。”

这个时候汪峰强调的是“只有到了我的战队里，你才能实现目标”。他用的是换位思考，更多地考虑到了选手的感受和感觉，他说的话对方听得懂且能够接受，双方有一个交集，就是选手参加比赛是为了拿冠军，导师选择选手到自己的战队是为了让自己的战队取得更好的名次，同时提升自己的名气，这就是一举两得。

选手和嘉宾在这个事件当中找到了双方的交集，都知道对方要的是什么，于是在完成了对方目标的同时，也实现了自己的目标。

职场中常会出现目标偏离。什么是目标偏离？比如，你和销售可能明明谈的是考核指标的提取，结果东家长、西家短地谈了很多没有意义的事情。但是这样的目标可以很快被纠正，你下次再去谈的时候，不说这些事情就可以了。

另一种目标偏离就非常严重，即在说话的过程中让对方产生了误解，明明说的是A，结果对方理解成了B；你好心提醒对方某件事错在了哪里，但对方却理解成你对他指手画脚。

职场中有很多误会让人感到很难受。原因就在于你在跟对方谈话、沟通的过程中，没有提前想好这句话该怎么说、能否让对方听明白、你的语气声音是不是对方喜欢的、是不是在一个比较愉快的场域等。

跟其他部门同事说话的时候一定要三思而后行，多考虑几个为什么，提前做好准备；沟通的时候一定要树立目标，提前准备好内容，想好怎么谈，而不是想到哪儿就谈到哪儿。

举个简单的例子。某房地产公司的销售总监能力非常强，对下属也非常好，但他有一个问题，就是总喜欢说一句话：太容易了。完成销售指标太容易了，什么事情都太容易了。后来有一个好心的同事提醒他，他说，我不知道这件事会造成这么深的误解。

想象一下，如果领导说某件事太容易了，下属会怎么想呢？做好了没有功劳，因为领导认为很容易；那么做砸了是不是代表我没能力？其实，这只是这位销售总监的口头禅，他并没有这个意思，只想表达让大家不要害怕困难：这件事太容易了，我们要藐视它、一定有办法解决它。但是投射到员工的心中就是另一个模样。

有的时候你是无心的，但对方却认为你是故意的，这种误解就是麻烦，是冲突的本质原因。万一产生冲突也不要害怕，不要让冲突升级就可以了，比较好的办法是笑一笑——只要有一方冷静，冲突就不会再升级了。很多时候，冲突产生的原因就是双方都不冷静。

在跟同级或者其他部门人员沟通的时候，常常会遇见一个问题，就是某件事必须得靠其他部门提供的资料或数据等才能完成。这个时候就需要用到 ABC 法则。

第 3 节

运用工作优先 ABC 法则

同样一件事对于不同部门的人来说，优先次序是不一致的，要解决这个问题让别人去帮你，就要让原本认为这件事情的重要度是 C 级的人，认为它的重要度是 A 级或 B 级，这样双方才能在目标上产生交集，才能在完成别人目标的同时，顺便完成自己的目标。

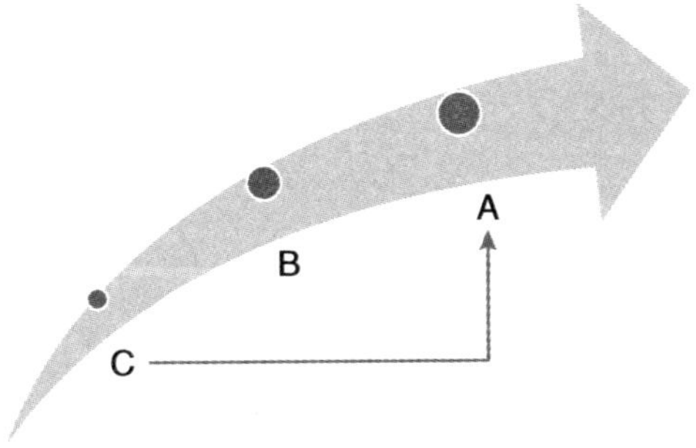

图 8–2　ABC 法则

电影《杜拉拉升职记》中有一个非常经典的片段：杜拉拉组织搬家，搬家公司的人在准备搬销售部的时候，发生了一些口角。

销售部“老大”王伟出来说：客户那边在等着出方案，你们怎么还有时间跟别人吵架？

因为搬家公司说不清楚，杜拉拉就出现了，她说：王总你好，搬家这件事情是和你们签字确认过的，你们同意了。

王伟说：是，但是今天我们销售部要和一个大客户洽谈，没有人帮你搬家。

杜拉拉说：没关系，只要你们把自己部门的东西写上姓名、打好包就可以了。

这时很多销售人员说：打包是行政的事，我们都去打包，请问谁给公司赚钱？

两个部门因为搬家问题产生纠纷，为什么呢？因为两个部门的考核指标不一致：销售部门的核心考核指标是业绩和客户，所以当大客户要过来谈单和行政搬家两件事发生冲突的时候，肯定是业绩优先。

而行政是支持公司发展的部门，保障后勤是义不容辞的责任，所以杜拉拉的核心任务就是办公室装修，而搬家就是她的考核指标。你觉得行政会顾哪头？当然会顾着搬家。于是问题就出现了。

如何让两个部门有目标交集？

销售部要业绩，而行政部要快速搬家，这时候，如果你是杜拉拉，就可以说：王总我想问一下，跟客户洽谈还有多长时间？

王总可能会说：还有半个小时。

于是你可以这样说：这样，我们一起打包，用最快的速度打包完，搬家公司还有我们其他部门，人很多，一起把这活儿干完，这样客户来到公司的时候，看到我们公司整洁、规整，对我们公司也是个加分项，这样行不行？

还有一种情况，王总可能会说：对不起，客户就在楼下。

你可以提问：跟客户会谈需要几个小时？

王总说：两个小时。

你可以继续说：我想问一下，能不能把时间压缩成一个半小时？我带搬家公司先把其他部门都搬完，之后再回来给你们搬，你看行不行？

还有一种方式：我们行政部人微言轻，王总你的面子比较大，能不能帮我去跟其他部门协调一下，让他们帮我们一起给销售部打包，这样大概只需要 20 分钟时间，你看可以吗？

当大家的工作优先次序不一样的时候，多站在其他部门的角度考虑问题，这就叫换位思考，在达成其他部门的目标的同时，顺带把你的目标也达成了。

第 4 节

人际关系的维护

有句话说得好：有交往才有交流，有交流才能交心，有交心才有交易。交易的基础是交心、交心的前提是交流，而交流的前提是交往。人际关系的维护，可参照图 8-3 所展示的内容。

“存款账户”

- 尝试理解别人
- 善意、礼貌、尊重
- 信守诺言
- 提出明确的期望
- 道歉
- 提供反馈
- 原谅
- 表扬

“取款账户”

- 自以为是
- 恶意、粗鲁、不敬
- 言而无信
- 不忠诚、背后说人坏话
- 期望不明确
- 骄傲自大
- 没有反馈或评价

图 8-3 人际关系的维护

同样的两个人，同样的固定资产，但是第一个人能贷到很多钱，而第二个人贷不到多少钱，原因是什么？第一个人经常跟银行有关系来往，比如使用信用卡购物、消费、按期还款等，和银行之间反复有资金往来。和银行的交往多，银行就会认为你们之间有交流，就会更信任你，你贷款的时候自然就会贷给你更多钱。

但第二个人从来没有跟银行接触过，他的信用和消费水平银行是不知道的，所以他贷到的款非常少，因为银行不信任他。

在《高效能人士七个习惯》一书中有一个经典的模型叫作“情感账户”。在人际交往过程中，哪些是“存款”行为？尝试着去理解别人，多站在别人的角度思考问题，跟别人沟通的时候善意、礼貌、谦让等是；布置工作的时候提出明确的要求和期望、自己出错的时候勇于道歉也是；一件事无论做好做坏，都要及时给别人反馈，一件事别人做好了就要表扬他，而且要表扬得及时、到位。这些都是人际关系中的“存款”行为。

钱是一点点积累起来的，但是提款却很快，伤害和破坏人际关系也只需要一瞬间。

自以为是、对别人指指点点、批评别人、跟别人顶撞、说话不诚实、背后经常说同事坏话、做事不给领导反馈和评价等，都会使你在同事心中的形象瞬间一落千丈。

你的“情感账户”里的“钱”越多，就说明你和他人的关系越好，也就说明你们之间的情感连接越多。

职场中，维护好人际关系是第一要务。有的时候，如果人际关系好，很多事情都可以网开一面。为什么有的人和其他部门的沟通非常顺畅，有的人却会碰一鼻子灰？因为部门的同事之间没有形成交集，部门之间有道“部门墙”，把人际关系给隔开了。

有一种很好的技巧可以用来维护这种关系，就是经常让对方帮你一些小忙。比如，今天让财务部门的小刘帮忙带一份盒饭，明天再请小刘吃顿饭，同时把昨天的钱也还了；找其他部门帮忙带瓶水，或者是你从家乡回来的时候给同事带点吃的；等等。一来二去，你自然就跟很多人有了关系。当你做事成功的时候、得到领导表扬的时候，或者你过生日的时候就可以以这些为由头，请同事们吃顿饭、唱唱歌，关系自然就建立起来了。慢慢地，你们可能会成为非常好的朋友，成为朋友了，做事当然就会顺利很多。

但是很多人什么事情都自己解决，不会麻烦别人，那么这个时候职场就是你一个人的，大家会感觉你没有把团队、把大家“放在眼里”，你做起事来自然会到处碰壁。

人际关系维护中很重要的一点就是“情感账户”，它真的很重要，希望读者学了之后，可以回去盘点分析，想办法在人际交往中往“情感账户”里多“存”一些“钱”，少“提”一些“钱”。

第 5 节

在同级情商管理中常犯的错误

在和同级沟通的时候，有三件事是绝对不能做的，如图 8–4 所示。

图 8–4　在同级情商管理中常犯的错误

一、公开指责

不能公开指责同级，否则很可能“自毁长城”，以后没有人会配合你开展工作。

二、越级汇报

有时你可能不愿意找部门的负责人或者配合你的人反映问题，而是直接找更高一级的领导，甚至直接汇报到总经理或老板那里，指责某某部门不配合。

三、背后说人坏话

很多人在聊天的过程中经常会出现在公司内部或外部背后诋毁别人，进而造成冲突的问题。

在职场同级情商管理中，关系永远比能力重要，了解对方、知晓对方比能力重要。职场中提倡的是通力合作、全力以赴，而不是个人英雄主义。在职场与其他部门的同级进行接触的过程中要注意，要以解决问题为导向，而不要意气用事，更不能发火、指责、抱怨、在背后诋毁他人。这里要秉承的宗旨就是彼此尊重、承担责任，谁的问题谁就承担责任，同时要站在对方角度考虑问题，要在帮着对方完成其目标的同时，顺带把自己的目标也完成。

这里遵循的原则是平等互惠，不要让对方吃亏，同时在人际关系上，平时要多帮助别人，跟别人在“情感账户”里多“存钱”，这样，在职场中跟平级的关系才会越来越融洽。只有理顺人际关系，工作才能如鱼得水，否则你空有一身的本领也无处施展。我们要转变自己的思维，打破个人英雄主义的幻想，学会和其他部门团结协作，这样才能最大限度地发挥出自己的才华。

综上所述，要做好同级情商管理，需要注意以下几点。

1. 同级之间相处难以沟通的两个主要原因是：人际关系不良和目标差异。

2. 同级情商管理的第一步是以终为始，沟通时要让对方听懂、听明白，接受并认同你。

3. 转换思维，站在对方角度思考，当两个部门的目标不一致时，思考工作的优先级和排序，在达到对方目标的同时，达成自己的目标。

4. 平时多建立人际关系的“情感账户”，多“存”少“取”。

第九章

事后复盘分析

不复盘、不改进，遇事永远用原来的方法处理，自然不能有所改变。只有发现错误和不足，才有可能改进，而复盘就是发现错误和不足的过程。

那么，如何对情绪上的一些问题进行复盘分析，让冲突不再发生或者是减少发生的次数，让我们的人生变得越来越好、在职场上一帆风顺呢？

很多人问过笔者：你怎么有这么多方法应对不同的领导、下属和同事？你能讲出这么多内容，秘诀在哪里呢？

笔者想说其实没有什么秘诀，无非是做的事多了、经历多了、犯的错误多了。关键是要从错误中吸取经验教训，才能不再犯错。有句话叫“人在江湖漂，哪能不挨刀”，人不可能永远不犯错误，但如果同一个错误反复发生，就需要认真地反思了。要对每次犯的错误进行复盘。

复盘原是围棋术语，本义是指对弈者下完一盘棋之后，重新在棋盘上把对弈过程“摆”一遍，看看哪些地方下得好、哪些地方下得不好、哪些地方可以有不同甚至更好的下法。

职场中的复盘指的是从过去的经验、实际工作中学习，帮助复盘者有效地总结经验、提升能力、改善绩效的活动：所谓复盘，就是一件事做完以后，做成功了，或者没做成功，尤其是没做成功的，把这件事情预先是怎么计划的、中间出了什么问题、为什么做不到梳理一遍，梳理完以后，下次再做的时候，吸取这次的经验教训。

形成复盘的习惯，再加以总结，慢慢地就可以形成一种固定思维，在遇到类似问题的时候快速回顾思考、改善行动计划、选取最优路线。

成功的人每天都在进行复盘，如果每次发生问题都不进行复盘，每次都在同一个问题上栽跟头，就无法在职场上取得成功。

笔者之前也跟很多优秀的讲师谈过，他们的核心理念都是复盘，只不过有的人一天一复盘，有的人每一分钟都在复盘、每一分钟都在对他的知识进行更新和迭代。有的人问："我已经很努力了，为什么学来学去还是原来的自己？"那是因为你学的东西还是原来的，你记的东西也是原来的，所以你当然还是原来的你。

第 1 节

复盘的定义

什么是复盘？复盘就是通过对过去的思维和行为进行回顾、反思和研究，提升综合实力。复盘的关键是推演，通过推演，让过去犯的错、发生的冲突重现，再对这件事进行深入的研讨和总结。

“推演”这个动作将复盘与总结在本质上区分开了。复盘就像沙盘推演，不同于总结，跟计划也是不一样的。复盘可以固化流程、使人思考改进的方向等，最重要的是可以使人认清问题背后的原因，避免再犯同样的错误。在回顾整件事的时候会产生哪些新的想法和认知呢？

复盘除能提升能力外，还能提升职业素养。复盘最主流的方法就是情景重现法，很多著名的企业家都曾用这种方法对企业进行改善。所谓情景重现，就是将整件事重现，组建几个场域，如信息场、思维场、情绪场，回顾当时场外的环境是什么，是否有太阳、是否下雨、有什么样的人参加、谁在场、那些人都有怎样的动作语言、工具是如何摆放的，等等。

思维场能够对当时每个人做事的目的和意义、对整件事的认知给出提示。

情绪场反映的则是当问题出现的时候大家的情绪反应，要分析他们的情绪，为什么他们在这样的情况下会产生这样的情绪。

接下来才能进行情景再现，把当时的信息场、思维场、情绪场全部再现一遍。

第2节

事后分析盘点

如何对情绪冲突和冲突中每个人的情商问题进行分析、对过往的过失进行分析？可参照表9–1给出的意见。

表9–1　问题确认说明表

1. 当时的情景： 被领导批评，“不爽”。
2. 问题描述： 领导下班时要我加班做方案，我做完方案后，领导不满意，骂了我一顿。我承认了错误，结果领导批评了我30分钟，我很委屈。
3. 影响和后续的结果： • 影响自己的心情。 • 影响自己在领导心中的印象，担心自己试用期不能顺利通过。 • 耽误了领导的时间。 • 耽误了自己的时间。 • 回家和家人谈起此事时，家人不理解我，还批评了我，加重了我的负面情绪。
4. 期望： 以后少被领导批评。

案例智库

首先对这件事进行描述，把这件事精准地描述出来。

当时的情景：我被领导批评了，非常“不爽”。

再具体地描述一下问题。

问题描述：领导下班的时候要我加班做方案，我做了，但领导不满意，还骂了我一顿，我承认了错误，领导却越骂越狠，骂了我30分钟，我非常委屈。

那么，这件事情给我带来了怎样的后果？

影响和后续的结果：

· 影响自己的心情。

· 影响自己在领导心中的印象，担心自己试用期不能顺利通过。

· 耽误了领导的时间。

· 耽误了自己的时间。

· 回家和家人谈起此事时，家人不理解我，还批评了我，加重了我的负面情绪。

最后再描述一下你的期望。

期望：以后少被老板批评。

为什么要复盘呢？如果一件事是你的职责和职能，那么这件事在你的工作中就会反复出现。如果你不改变自己的做事习惯和思维，那么一定会得到原来的结果——领导这次不满意，下次一定还是不满意，你会反复在同一件事上“栽跟头”。

第 3 节

事件复盘回顾分析

那么，如何进行复盘回顾分析呢？复盘分析的思维顺序又是怎么样的？如图 9–1 所示。

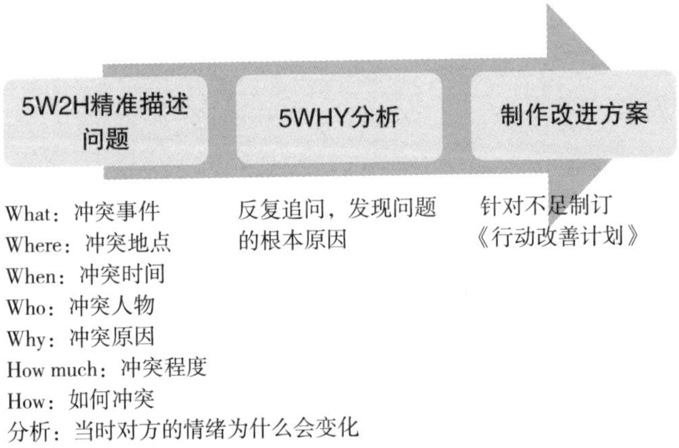

图 9–1　复盘分析的思维顺序

要对上述案例进行复盘分析，就要像抽丝剥茧一样去分析。这件事到底哪个环节、哪个步骤出现了问题，还是纯属领导心情不好，想找你撒气，或者领导批评你的时候，你承认错误的语气和方式让他感到不满意，还是说地点选得不好，又或者提前没有准备预案？

这些内容全部都可以通过复盘分析得出。

解决问题的第一步，永远不是直接找解决办法，而是分析这个问题的原因和本质，而分析原因和本质的前提，是要对这件事的问题使用 5W2H 法进行精准的描述。

当用 5W2H 法把这件事描述清楚之后，再通过 5WHY 分析法对这件事进行深度分析，分析每一个问题发生的原因，还有哪些地方可能产生问题，从而判断出这件事发生的本质原因、得出解决办法。

通过问题再现和问题的再次分析总结得出《行动改善计划》，这样一次又一次地复盘，才能成长。

回到前述案例，对这件事进行复盘分析。冲突的事件是，在下班的时候，领导要我加班做一份方案，我做错了，领导骂了我一顿，骂了半个小时。

一、5W2H 描述

· 这件事是在哪里发生的：是在领导的办公室发生的。

· 这件事是什么时候发生的：是第二天的下午 2 点，领导从外面刚回来。

· 冲突中的人物是谁：是我和领导。

· 冲突的程度：领导批评了我半个小时。

· 冲突的原因：方案递交上去之后，领导批评我“怎么这点事情都做不好”。我的回复是“好的领导，这件事情我做错了，下次一定改正，你放心”。

但是我发现一个问题，我越说领导越生气，我百思不得其解，于是回家之后跟家里人诉说，结果家里人又批评我，说我不好好工作，这件事让我非常不舒服。但是，这件事仍然可能重复发生。

要对这件事进行复盘分析：为什么承认错误了领导还在说你？为什么方案做了还是没有得到领导的认可？原因究竟是什么？复盘分析的第一步是对当时的事件进行一个完整的还原。还原之后进入事件分析的第二步，就是对问题进行精准的分析。

二、5WHY 分析

这件事是领导发火，而一定是你的一种行为使他发火。

这个时候要分析，领导对你发火是你本身的问题造成的，还是外部问题造成的。

如果经过复盘分析，发现这次领导对你发火是因为订单没有谈下来，或者核心人员跳槽了，心情不爽，对你发火只是一个发泄，那么这个时候你多从领导的角度考虑，调整好自己的心态就可以了。

但如果你发现最近公司没有让领导恼火的问题，那么领导对你发火就是你自己的问题了，可能是由于你的方案写得不好，或者考虑不周。这个时候你就要具体分析你让领导发火的原因了，是方案本身，还是你在承认错误时的状态和语气。

你可能会发现，之前你写的方案也出过问题，领导也批评过你，但是没有批评这么久。那么这次批评了这么久是什么原因？肯定不是方案，因为你用过去的思维得到的一定是过去的结果，每次做方案错的地方都差不多，但是为什么领导在你这次承认错误后，越骂越狠？其实原因不在你的方案。

你当时说：对对对、是是是，领导这件事是我错了、是我的不对，领导这件事我一定会做好。

如果你发现这个行为使老板越骂越狠，骂了半个小时，那么一定是这种行为引发了他的一种想法，这种想法引发了他对你的一些看法。而这种思维一定源于他之前的思维认知和行为模式，那么，你承认错误的方式符合他的哪种行为认知？

这个时候你判断出：你承认错误的态度非常好，但是“屡教不改”——在这件事上反复犯错，批评很多回了都不改，于是领导把你定性为“死猪不怕开水烫”，定性之后他就会越说越狠。

对领导进行分析发现，这种认知源于领导的出身背景。他有从军的经历，并且一直在制造行业工作，属于要结果和业绩的人。他批评你的原因一定是你不知道你错在哪里了，所以你承认错误的时候一定要告诉他你错在了哪里，并且告诉他你的改正期限——你发现他有这样的特质，你就要按符合他逻辑的方式跟他说话。

针对这件事，比较合理的回答是下面这样的。

我的改正期限是什么时候，我错在了 1、2、3，第一条是方案中写了错别字，第二条是方案逻辑不清晰，第三条是 PPT 的模板不是您想要的。

原因是第一，我之前没有跟您确认您要的模板和框架；第二，我在做事时有点着急了，当时您给我布置任务的时候因为要下班了，我有点着急，想把它迅速做完，于是我延续了原来的那种执行思维，没有考虑这件事的目的和意义，加上着急，以致出现了很多错别字和格式排版的问题；第三，我发现我最近做事没有什么时间规划，导致时间管理上出现了问题，而您安排的任务很多时候都是紧急的。最重要的是因为当时我只想到下班，心态不稳定。

我希望下次在接到这样任务的时候能够先稳定下情绪，再跟您确认一下标准和交期。这件事是我错了，错和原因也分析出来了，您看您帮我指点一下、调整一下，我的改进版方案的交期是明天下午，您看如何？

老板要的永远是这样的回复和答案。“人非圣贤，孰能无过”，很多人都会犯错误，我们在职场上也会犯错误，领导不是不允许你犯错误，但他最不能容忍的是你一个错误犯很多遍、屡教不改，而且都告诉你问题在哪里了，你还不承认；好不容易承认错误了，态度也非常好，但就是不改。这是很多老板和上级最不喜欢的。

第 4 节

情绪改善对策

发现了问题所在，就可以得出解决方案，就是在被批评的时候，不再说“我错了”之类的话。可以说：是的，您批评得很对。这件事我做错了，原因是 1、2、3，改进方案有 1、2、3。我的改进版交期是什么时间，我会深刻地反省自己的问题，谢谢您指出我的问题。如图 9–2 所示。

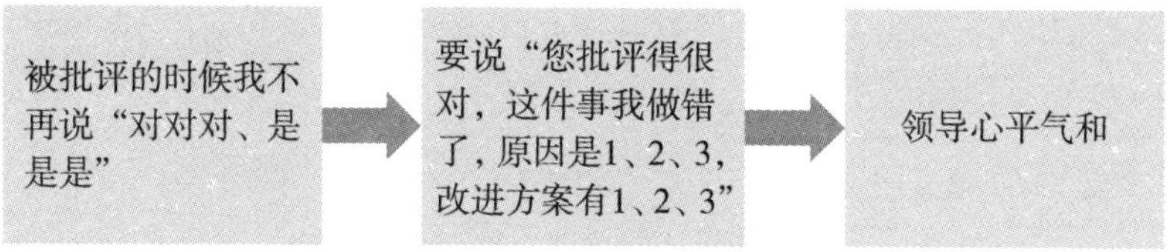

图9–2　我的情绪改进对策

这个时候，领导一定是心平气和的。

这就是复盘对情商提升的最重要的作用之一。

案例智库

笔者曾经供职于一家铁路企业，企业中既有老铁路人，也有后招的高学历人才，工地上吃住都一起，大家过集体生活。当时发生了很多事，现在讲出来很多人都觉得是笑话，觉得不可思议，然而这些事都曾真实发生过。

“夫以铜为镜，可以正衣冠；以史为镜，可以知兴替；以人为镜，可以明得失。”很多事如果经过复盘，就可以得到很多启示。

事件一是这样的，当时有一个重点大学毕业的男孩，在一次中午吃饭的时候把饭桌掀了，居然是因为食堂阿姨在打饭的时候，每个人都给了一截玉米，但到他那里的时候恰巧没有了，他怎么想也想不通，一气之下就把饭桌掀了。当时物资部长、财务部长、工程部长都在场，还有很多同事。笔者当时惊呆了，不明白为什么一个重点大学的本科生会做出这样幼稚的行为。

事件二是这样的，一个大学刚毕业不久的男孩，工作还不到半年，就跟公司的一个小姑娘吵了半天架，非常激烈，甚至惊动了指挥部的领导，而原因也只是些鸡毛蒜皮的事。

事件一之后，笔者问过那个男孩为什么在食堂里掀桌子，他说：“因为食堂阿姨没有给我玉米，之前的40多个人都给了，为什么不给我？我的第一反应就是阿姨瞧不起我，因为我是新来的。”在这样一个思维模式下，他越想越气，结果掀了桌子。

事件二的原因也很简单，与男孩争吵的小姑娘是负责行政后勤的，当天给每个人都发了一支笔，而那个学生当时去工地了，回来的时候就只剩了个笔芯，小姑娘不愿意为了他再特意跑到几公里之外的大仓库取。男孩认为：只给笔芯，不给换笔，就是瞧不起我。于是他们的矛盾就升级了，后来更差点因为这件事打起来。

重点复盘一下事件一：你也许不会为了一个玉米在单位掀桌子，但如果是 100 元奖金、1000 元的福利，或是升职加薪的机会呢？当你的利益被侵犯了，你是据理力争还是忍气吞声呢？

案例智库

笔者所在的公司曾接待过一位山东客户，他跟公司领导的关系非常好，想邀请我们去他们公司讲授一堂关于感恩的课程。为了把课程做得更好，要提前去了解情况，于是在了解情况的时候，他给我讲了个事情：公司讲师在会场上的销售业绩是有提成的，而且比例很高。有一个讲师，据说还是讲师团的领导，有一次因为少给他发放了 72 元奖金和老板大吵了一架，而那个讲师当月的奖金有 3 万多元。

这件事谁对谁错，可以复盘分析一下。每个人挣钱都不容易，这 72 元到底该不该要？可能每个人的想法都不一样。有些人认为应该要，而有些人则认为无所谓，大头不差就好了。那么，如果要，怎么开口才能不得罪领导？如果不要，如何让领导知道你吃亏了？

分析一下当时的场景和公司、领导的背景。不同的人有不同的看法，要分析一下你的领导是什么性格，如果他是一个非常精细的人，就可以向领导提出来："这个月我的奖金少了 72 元，是哪个地方奖金没加，还是财务算漏了？"领导可能会觉得你这个人很细心，会让财务重新核算。但如果他是个大大咧咧的人，你为了 72 元的奖金跟他拍桌子计较，他就会认为你这个人不忠诚、你不会和公司一起发展、你是贪图小利的人。虽然在你看来，这 72 元奖金是你应得的，但是那些大大咧咧的领导并不这么认为。这72元是该要还是不该要，相信不同的人、不同的领导会有不同的想法，同时还要结合公司的实际情况和你的实际收入来看。假设在你们公司出了这种事，这钱你该不该要？如果要了，用什么样的方式要？这就要结合公司的背景和领导的特质去做分析了。如果不要的话，这件事就是自己吃亏；如果要的话，就要分析如何告诉领导——我吃亏了。这是一种艺术。

比如，公司里你的领导加你和同事一共是四个人，有两个人突然得到了晋升，就没有把你晋升上去，那么这个时候你要不要争呢？如果争，怎么谈？如何谈？在什么时间、什么地点谈？根据领导的不同性格、当时公司的场景以及领导对你的印象，如何才能把这件事的影响降到最低？通过SWOT分析，把你的损失降到最低？

以人为鉴，以史为鉴，道理都是相通的，都是为了让我们在未来做得更好。感知情绪也好，分析情绪也好，应对情绪也好，都是四个字——换位思考。很多情况下，如果没有及时做到换位思考，就会让我们自己痛苦、纠结，纠结某件事为什么发生在自己身上。其实，只要分析一下当时的场景、分析一下是什么原因造成了这样的结果，在面对类似情况的时候就能不再痛苦、不再难过、不再悲伤，就能把控好自己的情绪，尽量完美地解决问题，把损失降到最低、把利益最大化。

很多人无法进行换位思考的原因就在于两个字：自我。很多情商低的人做事以自我为中心，什么事情都在“我”的范围之内，以“我”为中心考虑，事情对我是不是有利、对我是不是有害，等等；沟通的时候也是一样，总是认为我是对的、我是真理。在这样的思维模式下思考会出现很多的问题：当冲突产生的时候，你认为你是对的，他认为他是对的，所有的语言沟通全是围绕着“我”进行的——你们根本不在一个“频道”上，如何能达到沟通的效果呢？

为什么有时批评没有效果？因为当你被员工刺激的时候，你是难受的，然后你就向员工说了一些狠话，而员工的心此时是封闭的，你说什么员工都听不进去，因为他根本就没听。

所以要学会换位思考，学会真正站在对方的角度考虑问题。我们要及时对问题事件进行复盘，在对问题产生的原因进行充分的分析之后，提出相应的解决办法。情商的本质是什么？是发生情绪冲突时的问题分析与解决能力。

综上所述，做好情绪复盘的分析，有以下几方面的作用。

1. 情绪复盘可以让你洞悉一个问题的本质，正所谓“知其然，又知其所以然”。

2. 情绪复盘可以让你不再犯同样的错误，在一个“坑”里绝不跌倒两次。

3. 情绪复盘可以让你从对过去的事情的分析中获得经验、制定改善对策，再转化为自己的能力。

第十章

情商提升实用技巧

前面讲的都是情商的基础逻辑方法论，即遇到情绪问题时，问题是什么、为什么、怎么做。下面讲解一些常用的、实用的，并且经过实践检验的高效的情商提升方法。

在懂得情商提升的基础逻辑和理论之后，再学方法便是如虎添翼。而如果直接学习方法，就会变成“画虎不成反类犬”，达不到理想效果。市面上很多课程都是只讲方法，告诉你很多种方法，但却没有讲解这些方法的依据，如果不知道这些方法的实施条件和背景、生搬硬套，就很难产生效果。

我们已经了解了情绪难以控制是由大脑的结构决定的：大脑由“意识脑”和“潜意识脑”构成，当人受到外界刺激的时候，潜意识会迅速、直接作出反应，而此时你的意识、思维模式还来不及打开。

情商和情绪是密不可分的。想提升自己的情商，学会控制、转移自己的情绪是前提，做不到这样，讲再多的理论、学再多的办法都没有意义，因为你已经在“意识脑”工作前产生了行为，你学习的理论、办法都来不及指导你的行为。

本章将重点介绍以下几个常用的工具和模型。

第 1 节

改变思维

每件事都有正反两个方面，当问题来临，或者当受到外界刺激的时候，通常你看到的都是消极的一面，但是有些人却会看到积极的一面。转变思维方式、看到事情积极的一面，是控制瞬时情绪最有效、最高效的方法。

如何转变呢？这里教大家一种方法，这种方法包括两个词，一个是“太好了”，另一个是“正常”。

什么是“正常”？今天候选人没有来公司面试，是正常的；候选人面试之后没有来你公司上班，是正常的；今天回家和妻子吵了一架，这其实也是正常的。

这其实就是一种转换的方式，怎么转换？例如，今天你在办公室被狠狠地批评了，这是正常的。为什么呢？因为首先，会挨批评，一定是有些事你没有做到位，说明你成长的机会来了；其次，领导愿意批评你，说明他还在关注你。这么一想，是不是一切都变成美好、正常的状态了呢？

记住“正常”“太好了”就足够了，这个转化模式对每个人来讲都非常重要。

笔者在人生最低谷的时候，曾经5个月找不到工作，坐在去求职的公交车上，情绪难以自已。笔者对自己说：如果连今天这样的困境都可以克服的话，我的人生将在未来的某一个时间点达到一个新的高峰，并不是因为今天我做得有多成功，而是今天的我战胜了自己从来没有战胜过的困难。太好了，现在就是让我奋发图强、向着顶峰前进的时候。

当笔者初入公司、课程不被接受、在讲师中排名倒数第一的时候曾对自己说：太好了，下一步我将勇往直前，我有巨大的成长空间，我要向讲师冠军进发。

在这样的思考模式下，笔者克服了重重困难。每一次课程讲完之后，即使讲得不好，也对自己说“太好了”，因为还有下一次改正的机会，然后反思自己到底是哪里出了问题：是没有调动好学员的气氛，是课程深度不够，还是语言组织不到位？找到问题、改正问题，最终笔者在第6个月的时候成为公司的金牌讲师。这一切都源于笔者对自己情绪的管理和控制。相反，当时公司还有几位讲师，当排名靠后时就开始消极抱怨，认为评委都是“托儿”，对他们不公平。怀着这样的想法，自然不会进步，最后他们离开了公司。

这就是第一个行之有效的方法。改变思维，转换情绪，无论遇见什么事情都对自己讲“太好了”“正常”“这是最好的安排”，让自己的心情恢复平静，不再消极抱怨、埋怨。两种模式，两种人生。

第 2 节

6 秒思考模式

前文曾提到，大脑收到信息后，向“意识脑”和“潜意识脑”进行传递的速度是不一样的。直接给出反应的是“潜意识脑”，它的速度是非常快的，而开启“意识脑”则需要 6 秒的时间。

人只要控制自己在 6 秒之内不作出任何反应，大脑就会进入思考分析和逻辑判断的状态，这时，我们才能开始理智地看待一件事。

如何调动“思考脑”呢？就是在你遇见事的时候、在你觉得很“不爽”的时候，强迫自己数几个数，让自己平静下来。

冲动之下作出的决定可能都是错误的，而你往往会在事后后悔不已。所以，想吵架、想发火的时候，先画一个圈，在里面写上 1、2、3、4、5、6、7、8、9、10，写完后你的内心也就恢复平静了。

笔者曾在课堂现场用过这个方法，效果非常好。当时笔者随机挑了一个学员，让他的情绪爆发，这个时候笔者说，你先别发火，你拿支笔画个圈，在里面写 10 个数，再来。写完之后，该学员说，他已经没有开始时那么愤怒了，因为画圈、写数的时候，他的“意识脑”已经开始起作用了。

很多学员问笔者，这是不是说，以后遇到事，我再也不能发火了？其实，笔者并不是要你压制自己的情绪，每个人都有情绪、都可以发脾气，但你要为你所发的脾气承担一切后果：为了一个玉米掀桌子的大学生失去了晋升的机会、被调到最艰苦的工地、被边缘化，为自己的一时冲动付出了代价。“忍一时风平浪静”，争取自己的权益没有错，但表达自己的意见时不能被情绪控制，要做情绪的主人，而不是奴隶。

第 3 节

情绪手环记录法

控制发脾气的另一个方法是手环法：可以戴个手环，记录一下自己发脾气的次数：今天发脾气了，在左手上戴个手环，又发脾气了，再拿个手环戴在右手上，每天记录自己发脾气的次数。

随着学习、练习和巩固，你会发现自己每天发脾气的次数越来越少。比如，在没有读本书之前，你可能每天发 10 次火，但是读完本书后，可能每天只发 6 次或者更少次数的火，慢慢地，你就可以控制自己的情绪。

第 4 节

五步快乐模式

碰到负面情绪的时候，大部分人通常的处理方式是消极抱怨，于是进入了一种消极被动的地狱反应模式：抱怨—指责—拖延—逃避—淘汰。

90% 的人都喜欢抱怨。抱怨是什么？就是责怪别人，抱怨社会不好、环境不好、公司不好，等等。把责任推给别人，就可以指责别人了，再往后，拖延、逃避，最后被淘汰。就像鸵鸟一样，把头藏起来，屁股留在外边。

而如果反过来，从感恩开始，就可以进入一种快乐反应模式：感恩—负责—学习—成长—增值。一起看一个案例。

案例智库

笔者某次正在山东讲课，突然接到领导的指令：前往福建讲一堂《压力与情绪管理》课。当时只有三天时间，几个讲师都没有接，他们讲的都是销售、管理、营销之类的课程，对心态类的课程不熟练，而笔者当时的核心课程是目标管理、招聘技能分析等，也没有讲过心态类的课程，而且一般心态类课程的学员打分的时候，很少会打高分。

接还是不接?

当时主讲这门课的讲师因个人原因不能前往当地授课，领导说：这件事就交给你了，如果能讲，课程 PPT 给你，讲师的讲课录音也给你。

这种情况下，新讲师如果讲得不如原来的讲师好，或者学员的反馈不好，那么以后再去讲课，接受度就会很差。而且在南北方讲课的差异很大：北方的同学相对比较豪爽、直接，气氛更活跃，比较容易调动气氛、激发共鸣；但是南方同学就相对内敛，他们更善于思考，课堂气氛看起来没那么活跃。适合北方的课程和讲课方式在南方可能行不通，一着不慎，此行就要成为笔者讲师生涯的“滑铁卢”。

笔者接受了这个挑战，但看到课件时傻眼了，课件一共只有七页，还有 1 页是题目，却要讲半天，也就是 3.5 至 4 个小时。这件事对笔者来说有很大困难，因为笔者基本没讲过这类课程，可以说是在一个陌生的地方、用一种陌生的授课方式讲一门陌生的课程，承受了很大的压力，甚至打算放弃。

这个时候，五步快乐模式改变了笔者，按照这个模式，笔者想：感谢公司给我这个平台、感谢公司给我这个机会、感谢公司让我讲这门课程，因为我从此就可以讲心态类的课程了、可以讲压力和情绪等一些心理学的课程了，我一定要做好。当笔者感恩这件事的时候，有一个很重要的东西产生了，就是责任，而当你有了责任心的时候，你要做的就是想办法把这件事做好，调动所有的潜能。

于是笔者废寝忘食地听原讲师的课程录音、分析他的课程逻辑、设计授课模式、调整课件、了解福建学员的特点和需求；把7页的PPT变成了20页，给其中的每一个关键词配上相应的案例；思考学员如何才能听得懂，什么样的案例切合南方学员的思维方式，还不能改变原来课程的整体逻辑性。

笔者只有三天时间，且同时在其他城市还有课程要讲，时间并不充裕，只能利用晚上的时间。当笔者把20页的PPT罗列好、案例搭配好、视频准备好——所有的互动都准备好之后，却发现了一个很明显的问题，就是它的整体逻辑线与笔者不匹配。一名讲师讲别人的课程是很难的，因为可能要推翻并重建逻辑顺序。笔者当时的内心很煎熬，是不是应该放弃这门课程？如果讲不好，自己的招牌就砸了；已经付出这么多努力了，一定要去讲，怎么办？功夫不负有心人，在开课前，笔者终于梳理出了一条符合自己讲课风格的逻辑线，此时距离开课时间已不到6小时。

笔者清楚地记得，去福建讲课的前一天晚上一宿没睡，当天上午9点上场的时候无比兴奋，课堂上的学员异常热情，这门课程最终获得了南方大区的一致好评。后来，公司的其他大区纷纷邀请笔者去他们公司给员工讲这门课程，在讲师评比的时候，这门课程夺得了冠军。

彼时笔者一个刚进入培训行业的人为什么能成长得这么快？是因为笔者珍惜了每一次公司给予的上台的机会，珍惜了每一次公司给予的去不同区域讲课的机会，别人不去笔者就去，一旦去了，能力就会获得提升。笔者就此一路从讲师做到培训经理，带讲师团队、培养主持人。

当你面对新任务的时候，即使你没做过，也要按照这种模式处理：感恩公司给予机会，不会怎么办？去学习，学习之后再去做，哪怕做错了，也比不做强。一件事你一旦做好，这两个字就产生了——能力，当你的能力得到提升的时候，你就“升值”了。

一念之间，你能成为天使，也能成为魔鬼，可以功成名就，也可以默默无闻。所以不要抱怨自己有10年的经验，却依然当不上经理、总监，因为你的10年不是10年经验，而是10年如一的经验——你的工作重复做了10年，不学习、不进取、不迎接挑战，其实并不具备10年的经验。所谓的“35岁现象”“瓶颈现象”都是由此发生的。只有遇见问题、接受它，然后去做，不会就去学，你才能让自己变得越来越“值钱”。

第 5 节

运动法

还有一个方法是运动。为什么说运动是一个非常好的情绪调节方法呢?

第一，运动会让人的意识变得足够强大。持续运动，其实就是在训练意识。人类最伟大的发现之一就是发现了意识可以战胜潜意识，进而为控制和转移情绪提供了许多方法和依据。

如果把意识比喻成大人，就可以把潜意识比喻成小孩，因为它特别任性，很容易爆发。但通过运动，我们可以让意识变得更加强大，持续地运动、训练我们的意识，就能管住“不听话”的潜意识。

第二，运动可以让人感觉到身体是属于自己的，自己是情绪的主人，而不是奴隶。

第三，运动可以让人身心合一。

第四，运动可以让人成为“自己”的领导者。一个人只有具备领导自己的基本能力，才能更好地领导他人，成为一名真正的领导者。

可以想象一下运动是如何增强意识的。大脑当中的潜意识和意识总在对话、在斗争，就看谁能战胜谁。当你运动的时候，你要早起，这个时候潜意识会跟你说“再睡一会儿”，你的意识说“不行，我要早起”，你就战胜了它；当你跑步累了坚持不住的时候，潜意识又会跟你说“回去休息，太累了，何必让自己这么疲劳”，而意识跟你说“必须跑下去，那是我的目标和方向，我必须要跑到终点”。

从锻炼开始、从下楼跑步开始，一公里、两公里、三公里，目标达成了一次又一次，你也战胜了脑中的潜意识。通过运动不断地强化意识，通过行为不断地产生加强刺激，你潜意识当中的一部分也在改变。经常锻炼的人的情绪控制能力要比没有经过训练，或者不经常锻炼的人强得多。

建议读者为自己制订一个运动计划，可以是健身，可以是跑步，也可以是快走，运动不仅可以瘦身，还可以让身体和心灵更加健康，强化意识、战胜潜意识，真正成为情绪的主人。

第6节

时间管理

接下来一个行之有效的方法叫作时间管理。这是最不陌生的技巧，因为它是职业素养中最核心的部分。时间管理和情绪管控有什么关系？作为一名管理者，每天有很多令人焦头烂额的、需要处理的事情，很多人缺乏时间管理能力，不知道哪件事更重要，也不知道哪件事应该优先处理。

笔者经常在课程现场看见很多管理者不停地接打电话。他们为什么那么忙？有的管理者真的不分主次，手下又不给力，于是只能事事亲力亲为、每天疲于奔命。他们的生活和工作缺乏规划性和条理性，当时间节点到来的时候，很多该做完的事情没做完，于是情绪失控。

可以反思下自己，当一件事的交期马上要到的时候，领导又突然安排了很多新任务，这时候你的内心是不是很焦虑？

很多人把自己的计划排得特别满，每天除了工作就是学习，弄得自己焦头烂额，计划永远完不成。其实，计划只要做70%就好，因为你只有为处理异常留出时间，才不会焦虑郁闷。

对管理者而言，时间管理能力是必须提升的，有效的时间管理可以大大缓解工作压力。而当你能把它应用在工作、生活当中，发现每一天有 18 件、20 件事都能处理得非常好的时候，你将不会产生任何焦虑，因为你已经知道了如何对时间进行有效管理、如何对任务进行有效管理和授权。

第 7 节

问题分析与解决

最后一个技巧是问题分析与解决。你可能会问，问题分析与解决技能怎么放在情绪管理中？

情商提升的本质是感知情绪、分析情绪和应对情绪。当情绪冲突产生的时候，经过训练，你按照上面的方法恢复了平静、恢复了思考状态，那么在思考的状态下，就要学会分析这件事的原因，这时要用到的核心技能就是问题分析与解决。

学会这个技能之后，你就可以在任何场合、时间、公司解决大部分问题。

为什么很多人学了很多的知识、方法、工具，但却不会用？就是因为这些知识、方法、工具不符合学员所处的环境和背景。

绩效问题、管理问题、情绪问题、员工关怀问题等都离不开问题的分析与解决能力。你能解决员工的问题，你就是员工；你能解决管理者的问题，你就是管理者；你能解决总经理的问题，你就是总经理。

所以，情商的一切根源问题，都是“我的应对方式的问题”，是如何感知情绪、调节情绪，进而调整应对方式的问题。所以提升情商，要注意以下三点。

第一，提升自己的情绪感知能力。

第二，提升自己转移视线的问题分析与解决能力。

第三，提升自己在问题分析与解决的基础上，找出解决对策的能力。

情商提升的本质就是情绪冲突的问题分析与解决。做情绪的主人，掌控自己的人生。

综上所述，情商提升有如下七个实用的技巧。

1. 情商的提升不是一朝一夕就能完成的，每个环节都需要大量的训练，方能形成习惯。

2. 要转换自己看待和思考事情的维度，凡事都有积极和消极的一面，要学会接纳。

3. 当你感到愤怒时，等候6秒再做决定，避免情绪影响判断及决策的效果。

4. 情绪手环记录，对每次的情绪失控进行有效的记录和改善。

5. 通过五步快乐模式快速转换看待事物的模式，提高自己提升转移的思考能力。

6. 通过不断的运动强化意识、战胜潜意识，让自己真正成为情绪的主人。

7. 有效的时间管理、工作计划的合理安排和授权可以让生活更加有序。

情商的一切根源问题都是“我的应对方式的问题”，情商提升的本质就是情绪冲突的问题分析与解决。

作业练习：

知道不是得到，做到才能得到。为了真正掌握情商修炼的方法，请对照“情商盘点表”，盘点自己当下的情商分值，并确定自己的目标分值。

图书在版编目 (CIP) 数据

可训练的高情商：基于逻辑思维的高情商训练法则 / 龙鹏，瓮春春著．—北京：中国法制出版社，2021.6
（百习而见商学院系列 / 瓮春春主编）
ISBN 978-7-5216-1912-6

Ⅰ．①可… Ⅱ．①龙… ②瓮… Ⅲ．①情绪—自我控制 Ⅳ．① B842.6

中国版本图书馆 CIP 数据核字（2021）第 106820 号

策划编辑：郭会娟
责任编辑：郭会娟　　封面设计：汪要军

可训练的高情商：基于逻辑思维的高情商训练法则
KE XUNLIAN DE GAOQINGSHANG: JIYU LUOJI SIWEI DE GAOQINGSHANG XUNLIAN FAZE
著者 / 龙　鹏　瓮春春
经销 / 新华书店
印刷 / 北京海纳百川印刷有限公司
开本 / 710 毫米 ×1000 毫米　16 开　　印张 / 13.5　字数 / 144 千
版次 / 2021 年 6 月第 1 版　　2021 年 6 月第 1 次印刷

中国法制出版社出版
书号 ISBN 978-7-5216-1912-6　　定价：42.80 元

北京西单横二条 2 号　邮政编码 100031　　传真：010-66031119
网址：http://www.zgfzs.com　　**编辑部电话：010-66038703**
市场营销部电话：010-66033393　　**邮购部电话：010-66033288**
（如有印装质量问题，请与本社印务部联系调换。电话：010-66032926）